数字化机械制图

主　编　李宏策　唐　萌　张文超
参　编　陶东波　周小蓉　李端芳

北京理工大学出版社
BEIJING INSTITUTE OF TECHNOLOGY PRESS

内 容 简 介

　　本教材是按照教育部最新的高等院校、高职院校教育要求，依据最新的国家机械制图标准，结合现代企业的用人需求，融入现代设计软件，基于传统机械制图课程改革编写而成的。本教材将二维设计软件 UG NX 的操作引入到制图知识中，通过三维建模帮助学生建立空间想象能力，借助软件的图样创建功能帮助学生识图和快速制图。

　　本教材中零件建模、图样创建和图样识读是制造类专业一切后续课程的基础，也是相关专业学生走上工作岗位需具备的关键能力。建议采用引导式教学方法，在机房进行授课，保证知识与技能同步教学。

图书在版编目（CIP）数据

数字化机械制图 / 李宏策 , 唐萌 , 张文超主编 . --
北京 : 北京理工大学出版社 , 2021.8
ISBN 978-7-5763-0268-4

Ⅰ . ①数… Ⅱ . ①李… ②唐… ③张… Ⅲ . ①机械制
图 – 高等学校 – 教材 Ⅳ . ① TH126

中国版本图书馆 CIP 数据核字 (2021) 第 178281 号

出版发行 / 北京理工大学出版社有限责任公司
社　　址 / 北京市海淀区中关村南大街 5 号
邮　　编 / 100081
电　　话 / （010）68914775（总编室）
　　　　　 （010）82562903（教材售后服务热线）
　　　　　 （010）68944723（其他图书服务热线）
网　　址 / http://www.bitpress.com.cn
经　　销 / 全国各地新华书店
印　　刷 / 三河市天利华印刷装订有限公司
开　　本 / 787 毫米 ×1092 毫米　1/16
印　　张 / 18　　　　　　　　　　　　　　　　　 责任编辑／赵　岩
字　　数 / 409 千字　　　　　　　　　　　　　　 文案编辑／赵　岩
版　　次 / 2021 年 8 月第 1 版　2021 年 8 月第 1 次印刷　责任校对／周瑞红
定　　价 / 84.00 元　　　　　　　　　　　　　　 责任印制／李志强

前　　言

"机械制图"课程是职业院校制造大类专业开设的一门专业基础课，本教材是按照教育部最新的职业教育要求，依据最新的国家机械制图标准，结合现代企业的用人需求，融入现代设计软件，基于传统机械制图课程改革编写而成的。本教材将三维设计软件 UG NX 的操作引入到制图知识中，通过三维建模帮助学生锻炼空间想象能力，借助软件的图样创建功能帮助学生识图和快速制图。

本教材内容特色鲜明、结构合理，具有很强的实用性，注重培养学生运用知识解决问题的能力，具体特点如下。

1. 教材编写简明实用。构建项目导向、任务驱动式的教材体系，对于基本理论知识以应用为目的，对于软件操作以够用为度。通过分解教学目标，重构教学体系，将教材内容分解为 5 个基础项目和 2 个工作项目，各项目下分任务逐步引导学生掌握制图知识和软件的基本操作。

2. 适应职业教育特点，三维创建与二维制图并行。本教材每个项目均按先建模再制图的任务顺序完成，通过建模可熟悉载体结构，观察载体各方向视图，有助于学生对载体二维图的理解。识读或补画二维图时，可借助三维模型验证正确性。

3. 教材项目层次分明。基础项目是以几何体的建模与三视图表达为主线，由易到难，从生活化的实例过渡到专业化的零件；工作项目以常见机械部件为载体，以建模与图样表达为主线，由通用到专业，逐层深入地融入三维建模、虚拟装配、零件图与装配图表达及创建的软件与制图知识。

4. 数字资源丰富。本教材配套的线上课程已被认定为 2020 年湖南省精品在线课程，微课、视频和动画资源丰富，形式多样、生动直观，方便使用者学习和理解。

5. 贯彻最新国家标准。全书采用最新技术制图和机械制图等相关国家标准。

本教材根据现代教育课程改革方向，整合教学内容。课程学习项目与建议学时如下表所示：

学习项目		建议学时
基础项目	项目一　简易扳手的建模与制图	40 ~ 60
	项目二　儿童积木的建模与制图	
	项目三　榔头的建模与制图	

续表

学习项目		建议学时
基础项目	项目四　水管三通的建模与制图	40 ~ 60
	项目五　轴承座的建模与制图	
工作项目	项目六　齿轮泵零件的建模与制图	50 ~ 80
	项目七　齿轮泵的装配与制图	

例如，"项目六　齿轮泵零件的建模与制图"下分"左端盖的三维建模与零件图创建""主动轴的三维建模与零件图创建""齿轮的三维建模与零件图创建""泵体的三维建模与零件图创建"4 个任务，逐步完成齿轮泵部件的各零件三维模型和零件图、齿轮泵部件的装配体模型和装配图。

本教材中零件建模、图样创建和图样识读内容是制造类专业一切后续课程的基础，也是相关专业学生走上工作岗位需具备的关键能力。建议采用引导式教学方法，在机房进行授课，保证知识与技能同步教学。

本教材是中高职衔接教学改革的一种探索与尝试，限于编者水平，书中难免存在疏漏之处，敬请读者批评指正。

编　者

‹‹‹‹ 目 录

1

项目一　简易扳手的建模与制图

在人类发展历史的长河中，人们为了劳动、战争或者娱乐，留下了许许多多的发明与创造。这些流传至今的发明创造，要么始终存在于我们的生活中，要么以文字或者图形的形式记录了下来。在中国古代就有很多这样的书籍，如《天工开物》《新仪象法要》等。

在工程上，为了准确地表达机械设备、仪表、仪器等的形状、结构和大小，根据投影原理、国家标准和有关规定画出的二维图样，叫做工程图。工程图是工程界的技术语言，如图 1-1 所示的轴套二维零件图。

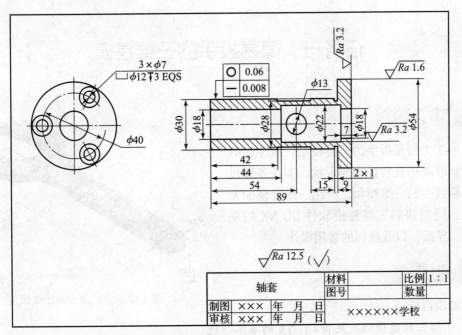

图 1-1　轴套二维零件图

随着信息时代的到来，计算机技术迅猛发展，产品的表达不再局限于二维图纸上的点、线、面，而是能通过软件实现从设计者构思到虚拟三维模型的直观性转变。三维模型能够更加直接和形象地表达物体的形状和大小，如图 1-2 所示的轴套三维零件图。

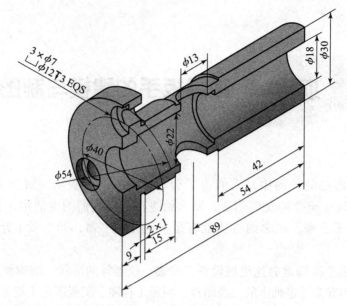

图1-2　轴套三维零件图

任务一　简易扳手的三维建模

任务引入

　　图1-3为简易扳手的三维模型。该零件的具体形状取决于其特征面的形状，本任务通过创建简易扳手的三维模型，介绍三维建模的发展历程，同时讲解三维建模软件 UG NX 的基本功能、界面，以及鼠标的常用操作。

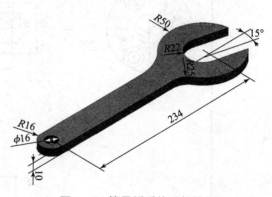

图1-3　简易扳手的三维模型

学习目标

● **知识目标**

1. 了解三维建模的发展和 UG NX 的基本功能。

2. 熟悉 UG NX 的操作界面。

3. 掌握鼠标的常用操作。

● **能力目标**

1. 具备软件的启动、新建、关闭等基本操作能力。

2. 能正确操作鼠标，按步骤创建出简易扳手的三维模型。

相关知识

一、计算机三维建模概论

（一）计算机三维建模技术的发展

三维建模技术是研究在计算机上进行空间形体的表示、存储和处理的技术，实现这项技术的软件称为三维建模工具。三维建模技术是伴随着CAD（Computer Aided Design）技术的发展而发展的。在CAD技术发展初期，CAD仅限于计算机辅助绘图；随着三维建模技术的发展，CAD技术从二维平面绘图发展到三维产品建模，随之产生了三维线框模型、曲面模型和实体造型技术。如今，参数化及变量化设计思想和同步建模技术代表了CAD技术的发展方向。

三维建模的发展

从20世纪70年代至今，计算机三维建模技术的发展经历了五次革命。

（1）20世纪70年代，法国达索飞机制造公司开发了三维曲面造型系统CATIA，将设计带入了三维世界。该软件不久后就用于三维表面建模，这带来了第一次CAD的技术革命，此时的CAD技术被列为显式建模。

（2）20世纪70年代晚期，美国SDRC公司发布了世界上第一个完全基于实体造型技术的大型CAD/CAE软件——I-DEAS。由于该软件能够准确表达零件的全部属性，且理论上统一了CAD/CAE/CAM，因此带来了CAD发展史上的第二次技术革命。

（3）20世纪80年代中晚期，美国PTC公司开发了面向对象的统一数据库和全参数化造型技术的Pro/Engineer软件。该软件不仅具有交互式绘图功能，还具有自动绘图功能，从而带来了CAD发展史上第三次技术革命。

（4）20世纪90年代晚期，美国SDRC公司的开发人员以参数化技术为蓝本，提出了一种比参数化技术更为先进的变量化技术。当工程人员进行机械设计时，可以随心所欲地构建和拆卸零部件，设计过程更加自由宽松。这是CAD发展史上的第四次技术革命。

（5）21世纪初期，德国SIEMENS公司推出了创新的同步建模技术，这是交互式三维实体建模中一个成熟的、突破性的飞跃。同步建模技术是不依赖于建模历史、基于特征的建模系统，合并了尺寸驱动和约束驱动技术的精华，以实现全面控制和可重复性，以及直接建模的灵活性。这是CAD发展史上的第五次技术革命。

（二）常用三维建模工具及应用

目前，国内外机械行业的主流三维设计软件主要有来自PTC公司的Pro/E（Engineer）、SIEMENS公司的UG NX（Unigraphics NX）及达索公司的SolidWorks。

（1）Pro/E。Pro/E操作软件是美国PTC公司旗下的CAD/CAM/CAE一体化的三维软件。Pro/E软件以参数化著称，是参数化技术的最早应用者，在目前的三维造型软件领域中占有重要地位，其参数化设计功能非常强大，特别适合做产品结构设计。

（2）UG NX。UG NX 是 SIEMENS 公司出品的一个产品工程解决方案，它为用户的产品设计及加工过程提供了数字化造型和验证手段。UG NX 针对用户的虚拟产品设计和工艺设计的需求，提供了经过实践验证的解决方案，其曲面功能非常强大，在模具设计和虚拟加工上有明显优势。本书主要介绍 UG NX 的应用。

（3）SolidWorks。SolidWorks 软件是世界上第一个基于 Windows 开发的三维 CAD 系统，能够在整个产品设计的工作中完全自动捕捉设计意图和引导设计修改。该软件具有功能强大、易学易用和技术创新三大特点，在目前市场上所见到的三维 CAD 解决方案中，SolidWorks 是设计过程比较简单且方便的软件之一。

二、UG NX 功能介绍与基本操作

（一）UG NX 12.0 功能简介

UG NX 12.0 提供了多种功能模块，下面主要介绍机械设计常用的功能模块。

UG 用户界面介绍和鼠标的妙用

（1）基本环境：打开软件的第一个界面即为基本环境模块，它提供了一个交互环境，用于打开、新建、保存、导入和导出文件，以及选择模块等一般功能。

（2）建模：支持参数化或非参数化模型的创建，是最基本的建模模块。

（3）工程图：支持从已创建的三维模型自动生成工程图样，用户也可以使用内置的"曲线"→"草图工具"手动绘制工程图。

（4）装配：支持"自顶向下"和"自底向上"的设计方法，提供了装配结构的快速移动功能，并允许直接访问任何组件或子装配的设计模型。

（5）加工：用于数控加工模拟及自动编程。

（二）UG NX 12.0 用户界面简介

UG NX 12.0 的用户界面由快速访问工具条、标题栏、功能区、菜单区、资源条选项、提示栏／状态栏、工作区等组成，如图 1-4 所示。

（1）快速访问工具条：包括文件保存、操作车削和切换窗口等常用命令。

（2）标题栏：显示软件的版本、功能模块和文件名称等基本信息。

（3）功能区：包含"文件"下拉菜单和命令选项卡。命令选项卡中显示了 UG NX 12.0 中常用的功能按钮，并以选项卡的形式进行分类。

（4）菜单区：包含 UG NX 12.0 的所有命令。

（5）资源条选项：包含"装配导航器""约束导航器""部件导航器""重用库""视图管理器导航器"和"历史记录"等导航工具。

（6）提示栏／状态栏：提示栏中的信息有助于下一步操作的提醒，信息栏用来显示系统或图形的当前状态。

（7）工作区：用户的主要绘图区域。

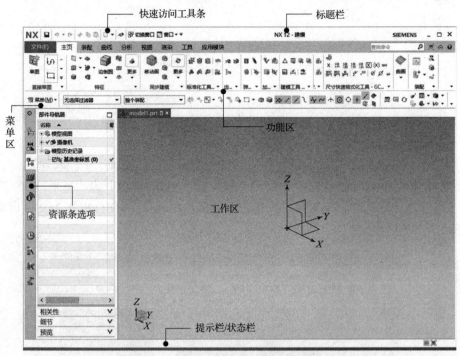

图 1-4　UG NX 12.0 用户界面

温馨小提示

　　用户如果习惯用经典界面布局的形式，可以在"首选项"中将界面设置为经典界面。

（三）鼠标的基本操作

　　UG NX 12.0 软件操作中通常使用带有滚轮的三键鼠标，如图 1-5 所示。鼠标不仅可以选择命令、选取模型中的几何要素，还可以控制图形区中的模型旋转、缩放和移动。表 1-1 列出了鼠标与键盘的常用快捷操作，其中 MB1 表示鼠标左键，MB2 表示鼠标中键，MB3 表示鼠标右键。

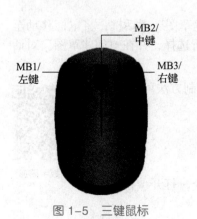

图 1-5　三键鼠标

表 1-1　鼠标与键盘的常用快捷操作

要求	快捷操作
选择对象或命令	单击 MB1
视图旋转	按住 MB2 并移动鼠标
视图缩放	滚动 MB2
视图移动	同时按住 MB2 和 MB3，或按〈Shift〉键 +MB2 并移动鼠标
弹出快捷菜单	单击 MB3
取消对象选择或取消命令	按〈Esc〉键

任务实施

简易扳手的三维建模步骤如下。

1. 新建模型文件

（1）在安装有 UG NX 12.0 的计算机中任选一个存储盘，创建以"项目一"命名的文件夹。

（2）打开 UG NX 12.0 软件，鼠标单击选择功能区中的"文件"→"新建"，打开"新建"对话框，如图 1-6 所示。选择"模型"选项卡，确保"单位"为"毫米"。在"新文件名"的"名称"中输入"简易扳手"，并选择步骤（1）创建的文件夹作为文件保存位置。单击"确定"按钮，进入建模界面。

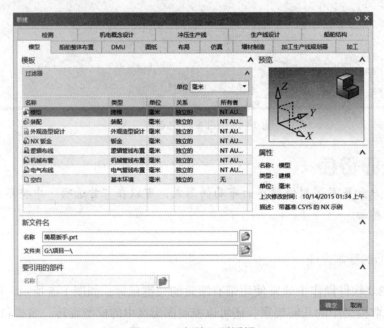

图 1-6 "新建"对话框

2. 绘制草图

（1）选择功能区最左侧的"草绘" 命令，打开"创建草图"对话框；将鼠标移动至工作区的基准坐标系，当其中 XY 平面显示红色时，单击进行选择，并在"创建草图"对话框中单击"确定"按钮，进入到草绘界面，如图 1-7 所示。

（2）绘制简易扳手的平面图形，如图 1-8 所示。具体绘制方法可扫描右侧二维码，观看视频中的详细介绍。

（3）单击功能区的"完成草图" 命令。

3. 创建模型

（1）选择功能区"特征"选项卡中的"拉伸" 命令，打开"拉伸"对话框。

简单扳手图形
绘制

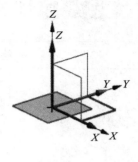

图 1-7　选择草绘平面

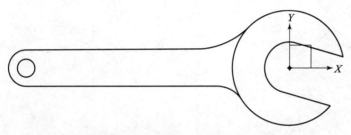

图 1-8　简易扳手草图绘制

（2）将鼠标移动到"资源条选项卡"，切换至"部件导航器"  选项卡，在"模型历史记录"中选择"草图（1）"，如图 1-9 所示。

图 1-9　拉伸草图

（3）回到"拉伸"对话框，在"指定矢量"后的下拉菜单中选择"Z方向" 作为拉伸方向；在"限制"中的"开始距离"输入"0"，"结束距离"输入"10"，如图 1-9 所示。单击"确定"按钮，完成简易扳手三维模型的创建。

（4）单击"快速访问工具条"中的"保存" 按钮，将文件保存。

知 识 梳 理 与 任 务 评 价

绘制本任务思维导图

任务评价细则

序号	评分项目	评分细则	星级评分
1	模型方位	模型方位是否符合零件投影的要求	☆☆☆☆☆
2	模型结构是否正确	模型结构是否完整，尺寸是否正确	☆☆☆☆☆
3	建模思路	模型树中建模思路清晰，合理	☆☆☆☆☆
		总评	☆☆☆☆☆

 拓展提升

UG NX 12.0 中有 3 种坐标系：绝对坐标系、工作坐标系和基准坐标系。在使用软件的过程中经常要用到坐标系，下面对这 3 种坐标系做简单的介绍。

1. 绝对坐标系（ACS）

绝对坐标系是唯一的、固定不变的坐标系。通常在图形区的左下角会显示绝对坐标系的方位，如图 1-10（a）所示。绝对坐标系可以作为创建点、基准坐标系以及其他操作的绝对位置参照。

2. 工作坐标系（WCS）

工作坐标系通常是隐藏状态，需要通过"菜单"→"格式"→"WCS"→"显示"来打开它，如图1-10（b）所示。工作坐标系的初始位置与绝对坐标系一致，但是它可以通过移动、旋转和定位原点等方式来调整方位。工作坐标系可以作为创建点、基准坐标系以及其他操作的位置参照。

3. 基准坐标系（CSYS）

基准坐标系是新建文件之后显示在图形区的坐标系，它由原点、3个基准轴和3个基准平面组成，如图1-10（c）所示。创建模型时，最先绘制的草图一般都选择基准坐标系中的基准平面作为草图平面，其坐标轴也能作为约束和尺寸标注的参考。基准坐标系可以根据绘图的需要进行创建，不是唯一的。

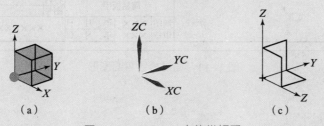

图1-10 UG NX 中的坐标系

（a）绝对坐标系；（b）工作坐标系；（c）基准坐标系

任务二 简易扳手的二维制图

任务引入

由于不同行业有着不同的表达内容及不同的表达方式、需求、标准等，因此工程图也有很多不同的类型，如建筑工程图、电子工程图、化工工程图等。在机械领域设计、制造和维修中使用的工程图，就叫做机械工程图，又称为机械图样。

图样作为技术交流的共同语言，必须有统一的规范，否则会给生产和技术交流带来混乱与障碍。国家标准化管理委员会发布了《技术制图》和《机械制图》等一系列国家标准，对图样的内容、格式、表示法等做了统一规定。《技术制图》是各行业制图的基础技术标准，《机械制图》是机械专业的制图标准。工程人员必须严格遵守有关规定。

本任务将通过完成简易扳手的平面图形，如图1-11所示，说明《机械制图》中的一般规定，并简单介绍常用平面绘图工具。

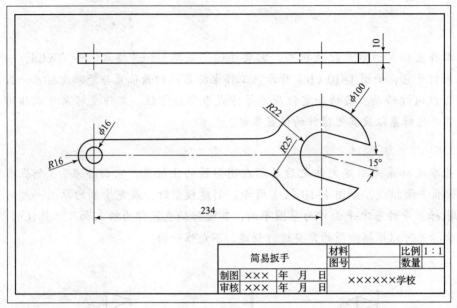

图1-11 简易扳手平面图形

 学习目标

● **知识目标**

1. 掌握《机械制图》与《技术制图》中的基本规定。

2. 了解二维绘图的常用工具。

3. 掌握尺规绘图和徒手绘图的基本方法与技巧。

4. 掌握平面图形的绘图步骤及尺寸标注方法。

● **能力目标**

1. 通过学习标准，提高遵守标准的意识。

2. 通过手工绘图，培养尺规绘图的基本能力，养成良好的作图习惯。

3. 通过简易扳手平面图形绘制，提高分析平面图形的能力。

相关知识

一、正投影及基本特性

（一）投影的基本知识

生活中的"影"无处不在，而"影"在机械制图中同样也发挥了重要的作用。

当一个物体的影子出现时，虽然我们不知道该物体具体的细节，但是我们却能通过影子掌握物体的轮廓形状。人们根据生产活动的需要，对投影现象经过科学地抽象，总结出影子和物体之间的几何关系，逐渐形成了投影法的理论。

在投影法中，将呈现投影的平面称为投影面；将光源抽象为一点，称为投射中心；我们将发自投射中心，通过被表示物体各点的光源，抽象成直线，称为投射线。如图 1-12 所示，H 平面为投影面，P 点为投射中心，将物体放在投影面 H 和投射中心 P 之间，从 P 点分别引投射线并延长至投影面，形成的图形即物体的投影。

（二）投影法分类

根据投射线的类型，可将投影法分成中心投影法和平行投影法。

（1）中心投影法：即投射线汇交于一点的投影，中心投影法所得到的投影大小会随着投影面、物体、投射中心三者之间距离的变化而变化，如图 1-13 所示。利用中心投影法绘制的图样显然无法准确表达物体的结构形状。

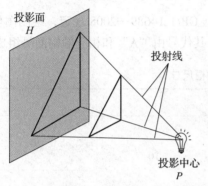

图 1-12　投影法

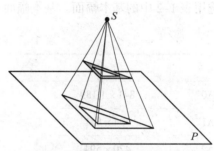

图 1-13　中心投影法

（2）平行投影法：假设将投射中心 P 放置在无限远处，则投射线可认为相互平行，在这种情况下得到的投影称为平行投影。平行投影又可分为正投影与斜投影两种，分别如图 1-14 和图 1-15 所示。正投影能准确地表达平面的真实形状和大小，度量性好，作图方便，主要用于绘制工程图样。

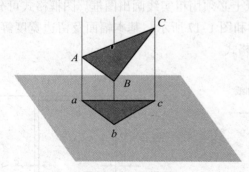

图 1-14　正投影

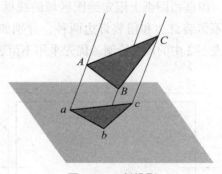

图 1-15　斜投影

（三）正投影的基本特性

正投影的基本特性如下。

（1）当平面或直线平行于投影面时，其投影能反映该平面或直线的实际形状和实际长度，这种性质称为真实性。

（2）当平面或直线垂直于投影面时，平面的投影会积聚成一条直线，直线的投影会积聚成一点，这种性质称为积聚性。

（3）当平面或直线倾斜于投影面时，其投影会与其类似，但小于实际形状或实际长度，这种性质称为类似性。

以上特性是正投影法独有的 3 种性质，也是学习机械制图的理论基础。

二、机械制图国家标准的一般规定

（一）图纸幅面与格式（GB/T 14689—2008）

1. 图纸幅面

图纸幅面指图纸的长度与宽度组成的图面。根据 GB/T 14689—2008 规定，绘制图样时优先选用表 1-2 中的基本幅面。基本幅面共有 5 种，其代号由 "A" 和相应的幅面号组成。

表 1-2　基本幅面及图框尺寸

代号	$B \times L$	a	c	e
A0	841 × 1 189	25	10	20
A1	594 × 841	25	10	20
A2	420 × 594	25	10	20
A3	298 × 420	25	5	10
A4	210 × 297	25	5	10

2. 图框格式

图框指图纸上限定绘图区域的线框。在图纸上必须用粗实线画出图框。图框格式可分为不留装订边和留装订边两种，分别如图 1-16 和图 1-17 所示。基本幅面及留边宽度等，按表 1-2 中的规定绘制。优先采用不留装订边的格式。

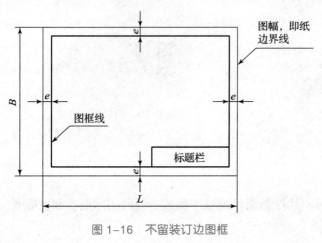

图 1-16　不留装订边图框

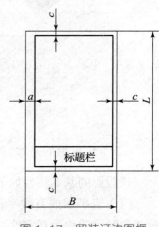

图 1-17　留装订边图框

3. 标题栏

标题栏是在图纸中用于填写图样综合信息的表格，每张图纸都必须要有标题栏。标题栏的内容、格式和尺寸应按 GB/T 10609.1—2008《技术制图　标题栏》的规定绘制，如图 1-18 所示。在教学中通常将标题栏简化，如图 1-19 所示。

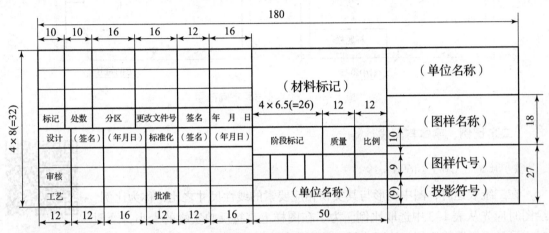

图 1-18　国家标准标题栏

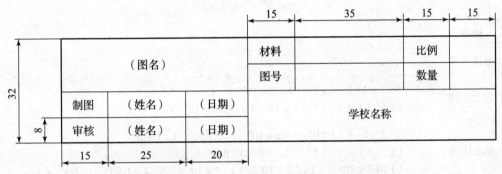

图 1-19　教学用简化标题栏

温馨小提示

标题栏一般应置于图样的右下角，看图方向一般为标题栏中文字的方向。

4. 附加符号

（1）对中符号：从图纸四边的中点画入图框内约 5 mm 的粗实线段，通常作为缩微摄影和复制的定位基准标记，如图 1-20 所示。

（2）方向符号：若读图方向与标题栏中文字方向不一致时，应在图纸下边的对中符号处用粗实线绘制一个等边三角形，即方向符号，以表明绘图与看图的方向，如图 1-20 所示。

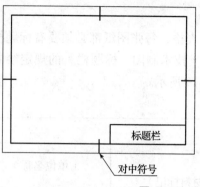
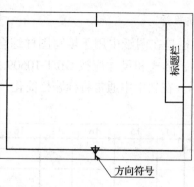

图 1-20　对中符号和方向符号

（二）比例、字体与图线

1. 比例（GB/T 14690—1993）

在二维表达时，图中图形与其实物相应要素的线性尺寸之比，称为比例。绘图时应先从表 1-3 中选取比例。为了在图样上直接反映实物的大小，绘图时应尽量采用原值比例。绘图比例应填写在标题栏中的"比例"栏内。

字体、比例与线型

表 1-3　比例系列

种类	比例
原值比例	$1:1$
放大比例	$5:1$　$2:1$　$5\times10^n:1$　$2\times10^n:1$　$1\times10^n:1$ （$2.5:1$）（$4:1$）（$4\times10^n:1$）（$2.5\times10^n:1$）
缩小比例	$1:2$　$1:5$　$1:10$　$1:2\times10^n$　$1:5\times10^n$　$1:1\times10^n$ （$1:1.5$）（$1:2.5$）（$1:3$）（$1:6$） （$1:1.5\times10^n$）（$1:2.5\times10^n$）（$1:3\times10^n$）（$1:4\times10^n$）（$1:6\times10^n$）

无论选用何种比例绘图，图样中所标注的尺寸数值必须是实物的实际大小，如图 1-21 所示。

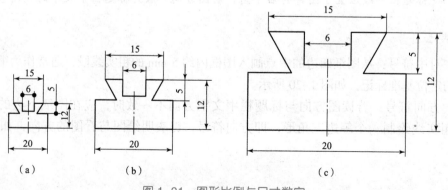

图 1-21　图形比例与尺寸数字

（a）缩小比例；（b）原值比例；（c）放大比例

2. 字体（GB/T 14691—1993）

在图样中经常需要用汉字、数字和字母来标注尺寸及对机件进行有关文字说明。在图样中书写汉字、数字、字母必须做到：字体工整、笔画清楚、间隔均匀、排列整齐。

字体的高度用字体的号数 h 来表示，单位为 mm。字体高度的公称尺寸系列为：1.8 mm、2.5 mm、3.5 mm、5 mm、7 mm、10 mm、14 mm、20 mm。如需要书写更大的字，其字体高度 h 应按比例递增。

（1）汉字：应写成长仿宋体，并采用国家正式公布的简化字。汉字的高度 h 不应小于 3.5 mm，宽度约为 $0.7h$。字体示例如表 1-4 所示。

表 1-4　字体示例

字体		示例
长仿宋体汉字	7 号字	字体工整　笔画清楚　间隔均匀　排列整齐
	5 号字	机械制图是工程界通用的语言，培养学生读图识图能力
	3.5 号字	螺纹齿轮轴承螺钉螺栓螺母垫圈平键半圆键钩头楔键圆柱销圆锥销开口销花键
拉丁字母		*ABCDEFGHIJKLMNOPQRSTUVWXYZ* *abcdefghijklmnopqrstuvwxyz*
阿拉伯数字		*0123456789*　0123456789

（2）数字和字母：有斜体和直体（正体）之分。斜体字字头向右倾斜，与水平基准线成 75°。

用计算机绘制图样时，汉字、数字、字母（除表示变量外）一般用直体表示。

3. 图线（GB/T 4457.4—2002）

（1）图线的型式。国家标准规定了在机械图样中使用的 9 种图线，其名称、线型、线宽及一般应用如表 1-5 所示。图线的宽度分粗、细两种，粗线的线宽 d 应按图的大小和复杂程度，在其公称系列（0.13 mm、0.18 mm、0.25 mm、0.35 mm、0.5 mm、0.7 mm、1 mm、1.4 mm、2 mm）中选择。细线的宽度约为粗线宽度的 1/2。

表 1-5　线性种类和一般应用

图线名称	线型	图线宽度	一般应用
粗实线	——————————	d	可见轮廓线、剖切符号用线
细实线	——————————	$d/2$	尺寸线、尺寸界线、指引线、基准线和剖面线等

续表

图线名称	线型	图线宽度	一般应用
细虚线	- - - - - - - - - - - - - - -	$d/2$	不可见轮廓线
细点画线	————————————	$d/2$	轴线、对称中心线、剖切线
波浪线	∿∿∿∿∿	$d/2$	断裂处边界线、视图与剖视图的分界线
双折线	——⌐——⌐——⌐——	$d/2$	断裂处边界线、视图与剖视图的分界线
细双点画线	————————————	$d/2$	相邻辅助零件的轮廓线、可动零件极限位置轮廓线、轨迹线等
粗点画线	━━━━━━━━━━━━	d	限定范围表示线
粗虚线	━ ━ ━ ━ ━ ━ ━ ━ ━	d	允许表面处理的表示线

（2）图线的应用。机械图样中常用图线应用示例如图 1-22 所示。

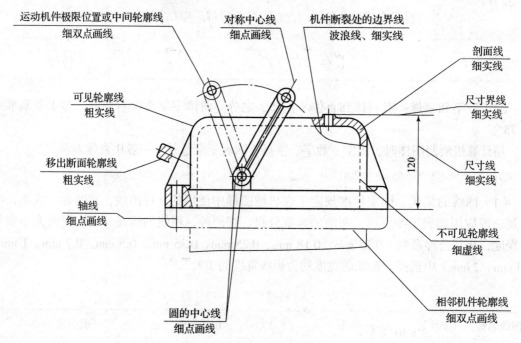

图 1-22　常用图线应用示例

在图样中绘制图线时，还应注意以下问题。

①在同一图样中，同类图线的宽度应保持一致。细虚线、细点画线、细双点画线的线

段长度和间隔也应各自大致相等。

②各类图线相交时，必须是线段相交。

③细点画线、细双点画线的首末两端应该是"线"，而不应是"点"。

④虚线在粗实线的延长线上时，虚线应留出间隙。

⑤画圆的中心线时，圆心应是线段的交点。点画线的两端应超出轮廓线 2~5 mm。当圆的直径较小时，允许用细实线代替点画线。

（三）尺寸注法（GB/T 4458.4—2003、GB/T 19096—2003）

尺寸注法

在机械图样中，图形只能表达机件的结构形状，若要表达机件的大小和相对位置，则必须在图形上标注尺寸。

1. 基本规则

（1）机件的真实大小应以图样中所标注的尺寸为依据，与图形的比例和绘图的准确度无关。

（2）图样中的尺寸，以毫米（mm）为单位时，不需要标注计量单位的代号或名称；若采用其他单位，则必须注明。

（3）图样中所标注的尺寸，为该机件的最后完工尺寸，否则应另加说明。

（4）机件的每一个尺寸，一般只标注一次，并应标注在反映该结构最清晰的图形上。

（5）在保证标注完整的前提下，力求简化标注。

2. 尺寸的组成

每一个完整的尺寸一般由尺寸界线、尺寸线和尺寸数字 3 个基本要素组成，如图 1-23 所示。尺寸线终端一般采用箭头的形式，位置不够时也可以用小黑点代替箭头，如图 1-24 所示。

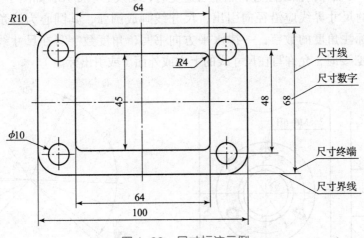

图 1-23　尺寸标注示例

（1）尺寸界线：表示尺寸的度量范围，一般用细实线绘制，由图形中的轮廓线、轴线或对称中心线引出。也可以利用轮廓线、轴线或对称中心线作尺寸界线，如图 1-23 所示。

（2）尺寸线：表示尺寸度量的方向，必须用细实线单独画出，不能用其他图线代替，也不得与其他图线重合或绘制在其延长线上。尺寸线必须与所标注的线段平行，如图1-23所示。

（3）尺寸数字：表示尺寸度量的大小。线型尺寸其标注的方位为：水平方向字头朝上，竖直方向字头朝左，倾斜方向字头保持朝上的趋势，并尽量避免在图1-25（a）所示的30°范围内标注尺寸；当无法避免时，可采用图1-25（b）中的标注方法。

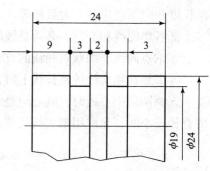

图1-24　圆点表示尺寸终端

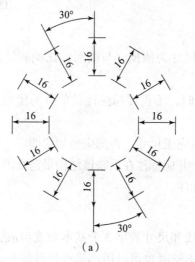

（a）

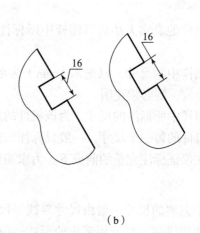

（b）

图1-25　线性尺寸的注写

尺寸数字不可被任何图线通过，当不可避免时，图线必须断开，如图1-26所示。

标注角度的尺寸界线应沿径向引出，尺寸线画成圆弧，其圆心为该角的顶点，半径取适当大小，标注角度的数字，一律水平方向书写，角度数字写在尺寸线的中断处，如图1-27所示。必要时，允许写在尺寸线的上方或外面（或引出标注）。

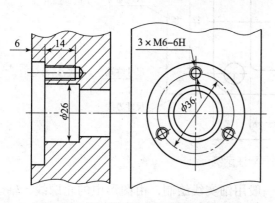

图1-26　尺寸数字不可被任何图线通过

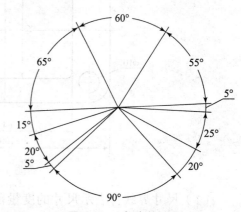

图1-27　角度的注写

3. 常见尺寸注法

根据国家标准有关规定，表1-6列举了常见尺寸的标注示例以供参考。

表1-6 常见尺寸的注法

标注内容	示例	说明
线性尺寸注法	 （a）合理　　　　　　（b）不合理 （a）合理　　　　　　（b）不合理	串列尺寸的相邻箭头应对齐，即注写在同一条直线上 并列尺寸应是小尺寸在内，大尺寸在外，尺寸之间间隔5~7 mm
直径尺寸注法		圆或者大于半圆的圆弧，应标注直径尺寸，尺寸数字前加注"ϕ"
半径尺寸注法		半圆或小于半圆的圆弧，应标注半径尺寸，尺寸数字前加注"R"

续表

标注内容	示例	说明
球面尺寸注法		标注球面的直径或半径时，应在符号"ϕ"和"R"前加注"S"
倒角的注法		机件上的倒角若为45°，须在边长数字前加注"C"，若为其他角度，须注写清楚角度与边长
对称机件的注法		对称机件的图形只画一半或略大于一半时，尺寸线应略超出对称中心线或断裂处的边界，且只在尺寸线一端画箭头
正方形结构和薄板尺寸注法		机件为正方形时，可在边长尺寸数字前加注符号"□"，或用"边长×边长"代替"□边长"。当机件为薄板时，可在厚度尺寸前加注"t"

续表

标注内容	示例	说明
小尺寸注法		当没有足够位置绘制箭头或注写数字时，箭头可画在外面，或用小圆点代替箭头，但两端的箭头仍应画出

三、二维绘图方式

在传统二维绘图中，通常使用绘图工具在图纸上进行绘制（尺规绘图）；现代企业中，传统尺规绘图基本被计算机二维绘图所取代。而徒手绘图在生产加工现场，工程师修改或讨论图纸时依然比较常用。

二维绘图方法

（一）尺规绘图

尺规绘图，即使用常用的绘图工具（见图 1-28），采取正确的绘图方法，在图纸上绘制出机械图样。常用的尺规绘图工具有：图板、丁字尺、三角板、铅笔、圆规和分规等。

（1）图板：用来粘放图纸，其表面必须光滑平整。绘图时，将图纸平铺在图板上，并用透明胶带固定。

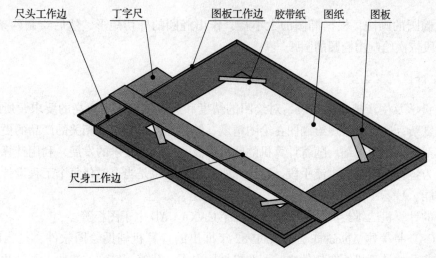

图 1-28　常用尺规绘图工具

（2）丁字尺：呈 T 字形，由尺头和尺身组成，尺身上边为工作边，主要用于画水平线，也可与三角板配合使用画垂直线或倾斜线。

（3）三角板：分 45° 和 30° 两种，可配合丁字尺画铅垂线，也可画与水平线成 15° 倍角的斜线；或用两块三角板配合画任意角度的平行线或垂直线。

（4）铅笔：尺规绘图时使用绘图铅笔作图。工具包中常配有 H、HB、B 这 3 种型号的铅笔。其中，B 和 H 分别表示铅笔铅芯的软和硬；字母 H 前面的数值越大表示铅芯越硬，颜色越淡；字母 B 之前的数值越大表示铅芯越软，颜色越黑。绘图时，一般先用 H 型铅笔打底稿，再用 HB 型铅笔写字或标注尺寸，最后用 B 型铅笔描深图线。

（5）圆规：用来绘制圆或圆弧。

（6）分规：用来量取线段或等分已知线段。分规的两个针尖应调整平齐。用分规等分线段时，通常要用试分法。

（三）徒手绘图

徒手绘图能快速表达设计者思想，不受环境、工具的影响，在产品设计和现场测绘中非常常用，是工程技术人员必须掌握的一项重要技能。例如，在设计之初，设计方案确定之前的讨论、分析阶段，采用徒手绘制草图可以节省时间；在生产加工或测绘现场，一般也是先徒手绘制草图，再绘制正规图纸。

徒手绘图时，一般使用 HB 铅笔，将铅芯磨成锥形，手腕悬空，小拇指接触纸面。

（1）直线的画法：徒手绘制直线时，先标识出线条的起点和终点，然后靠眼睛判断直线的方向，适当地移动手臂，以免画成曲线。

（2）圆的画法：画小圆时，先定圆心，画中心线，再按半径大小在中心线上定出 4 个点，然后过 4 个点分两段或四段画出整圆；画直径较大的圆时，可增加两条 45° 斜线，再定出 8 个点，分段画出整圆。

（3）圆角的画法：先画出两条相交的直线，然后在分角线上定出圆心位置，再过圆心分别向两条直线作垂线，垂足便是圆弧的起点和终点，最后用光滑的曲线将圆弧徒手绘制出来。

（4）椭圆的画法：根据椭圆的大小径，作出椭圆的外切矩形，然后绘制两条中心线，最后分四段依次绘制出椭圆的圆弧。

（二）计算机二维绘图

现代科学及生产技术的发展，对绘图的精度和速度都提出了更高的要求，所绘的图样也越来越复杂，这使得尺规绘制图在绘图精度、绘图速度以及与此相关的产品的更新换代的速度上，都显得相形见绌。随着计算机的问世以及相关软件技术的发展，利用计算机代替尺规绘图成为各行业制图的主流手段，而计算机二维绘图也是当今时代每个工程设计人员必须具备的技能。

常用的计算机二维绘图软件有 AutoCAD、CAXA CAD 电子图板等。

AutoCAD 是美国 Autodesk 公司于 1982 年推出的计算机辅助绘图软件，是当前最为流行、最为普及的计算机绘图软件之一，在机械、电子、建筑、航空、造船、石油化工、纺织等行业都得到了广泛的应用。AutoCAD 具有良好的用户界面，通过交互菜单或命令行方式便可以进行各种操作。AutoCAD 具有广泛的适应性，它可以在各种操作系统的微型计算机和工作站上运行。

CAXA CAD 电子图板是由数码大方自主开发、具有完全自主知识产权的二维 CAD 软件系统。软件是依据中国机械设计的国家标准和使用习惯，专门为中国设计工程师打造，并提供专业绘图工具盒辅助设计工具，可通过简单的绘图操作将新品研发、改型设计等工作迅速完成，提升工程师专业设计能力；同时，此软件全面兼容 AutoCAD，能与 DWG 格式数据直接转换。

四、平面图形的绘制

（一）平面图形的尺寸分析

分析尺寸时，首先要查找尺寸基准。我们把确定尺寸位置的几何元素称为尺寸基准，在平面图形中通常以对称线、较大圆的中心线、某一轮廓线作为尺寸基准。

平面图形中根据尺寸的作用，可将其分为两类：定形尺寸和定位尺寸。

（1）定形尺寸：指确定平面图形上各几何图形形状大小的尺寸，如图 1-29 中圆的直径 $\phi14$，圆弧半径 $R13$、$R26$、$R10$、$R7$，线段的长度 50 等均是定形尺寸。

（2）定位尺寸：指确定平面图形各要素位置的尺寸，如图 1-29 中的圆心位置尺寸 18，圆弧位置尺寸 42。

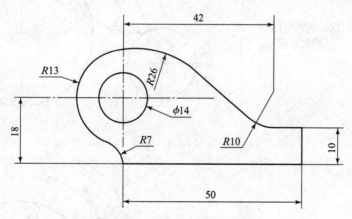

图 1-29　平面图形的尺寸分析

注意：有的尺寸既是定形尺寸，又是定位尺寸。

（二）线段分析

根据给出的尺寸是否完整，一般将平面图形中的线段划分为 3 种。由于直线的作图比较简单，因此这里只分析圆弧。

（1）已知圆弧：指定形尺寸和定位尺寸齐全，可以直接画出的圆弧。

（2）中间圆弧：指有定形尺寸，而定位尺寸不齐全，需要借助相邻线段的连接关系才能绘制出的圆弧。

（3）连接圆弧：指只有定形尺寸，无定位尺寸，两端都需借助相邻线段的连接关系才能画出的圆弧。连接圆弧的作图原理如表 1-7 所示。

表 1-7　连接圆弧的作图原理

类型	图例
用圆弧连接两条 已知直线	
用圆弧连接两段已知圆弧	连接圆弧与已知 圆弧外切
	连接圆弧与已知 圆弧内切

续表

类型		图例
用圆弧连接 两段已知圆弧	连接圆弧与一段 已知圆弧内切， 与另一段已知 圆弧外切	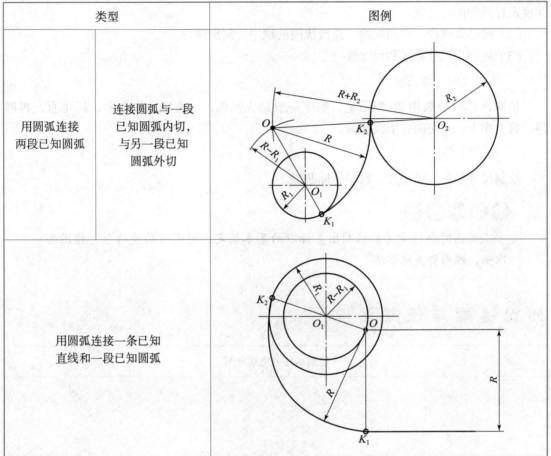
用圆弧连接一条已知 直线和一段已知圆弧		

绘制平面图形时，按已知线段和圆弧、中间圆弧、连接圆弧的顺序进行绘制。

 任务实施

简易扳手的二维制图步骤如下。

1. 作图准备

（1）准备好所需的绘图工具。

（2）根据图形的大小和复杂程度选择合适的比例，并确定好图幅，裁剪好图纸，然后将图纸固定在图板上。根据简易扳手的尺寸，确定使用 A4 的图纸，1∶1 的比例。

（3）绘制出图框与标题栏。

2. 图形分析

分析平面图形尺寸和线段，拟定作图顺序。

3. 绘制底稿

用 H 型铅笔，细而轻地画出图形轮廓。

（1）绘制出图形的尺寸基准、对称中心线或圆的中心线。绘制出简易扳手的中心线，并确定好圆的圆心位置。

（2）按已知线段、中间线段、连接线段的顺序绘制出图形。

（3）绘制出尺寸界线和尺寸线。

4. 检查底稿，描深图形

加深图形时一般用 2B 型铅笔，顺序一般是先圆弧，后直线；先水平，后垂直，再倾斜；自上而下，自左向右依次加深。

5. 完善图纸

绘制尺寸箭头，填写尺寸数字、标题栏。

温馨小提示

绘图时要遵守《机械制图》标准的基本规定，图面布局要均匀，作图要准确，幅面要美观整洁。

知识梳理与任务评价

绘制本任务思维导图

续表

任务评价细则			
序号	评分项目	评分细则	星级评分
1	图框	是否调用图框	☆☆☆☆☆
2	标题栏	标题栏是否填写正确、完整	☆☆☆☆☆
3	视图布局	视图布局是否合适，布局是否美观	☆☆☆☆☆
4	图形表达是否完整	零件图视图表达方法是否正确、合理、不缺线或漏线	☆☆☆☆☆
5	标注	尺寸与尺寸公差标注是否完整	☆☆☆☆☆
		表面粗糙度标注与几何公差标注是否合理	☆☆☆☆☆
		技术要求标注是否合理	☆☆☆☆☆
总评			☆☆☆☆☆

 拓展提升

1. 斜度

斜度是指一条直线对另一条直线，或一个平面对另一个平面的倾斜程度，其大小用两直线或两平面间夹角的正切值来表示。在图样中常以斜度符号加 $1:n$ 的形式标注，如图 1-30 所示。

$$斜度 = \tan\alpha = \frac{H}{L} = 1:n$$

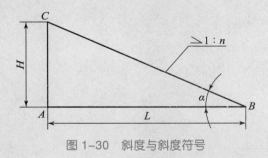

图 1-30　斜度与斜度符号

2. 锥度

锥度是指圆锥的底面直径与其高度之比，在图样中常以锥度符号加 $1:n$ 的形式标注，如图 1-31 所示。

$$锥度 = \frac{D}{L_1} = \frac{D-d}{L_2} = 1:n$$

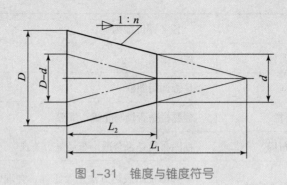

图 1-31 锥度与锥度符号

项目二　儿童积木的建模与制图

　　零件的形状千变万化，任何复杂的零件都可以视为由长方体、圆柱、圆锥、圆台等若干个简单几何体经过叠加、切割、打孔等方式形成。如图 2-1 所示的零件都由简单形体变化而成，我们把这些简单形体称为基本几何体，简称基本体。

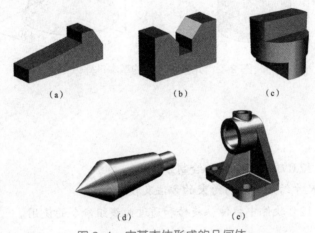

图 2-1　由基本体形成的几何体
（a）钩头楔键；（b）V 形块；（c）接头；（d）顶尖；（e）轴承座

任务一　儿童积木的三维建模

任务引入

　　儿童积木属于趣味性强、操作简单，且具有益智作用的常见儿童玩具之一，深受小朋友们喜爱。组成儿童积木的各个形体结构大部分都是基本几何体，主要有长方体、三棱柱、圆柱体、圆锥体等，如图 2-2 所示。本任务通过创建图 2-2 所示的几何体三维模型，介绍 UG NX 12.0 的建模基本操作。

　　按照基本体构成面的性质，可将其分为以下两大类。

　　（1）平面立体：由若干个平面所围成的几何形体，如长方体、棱柱等。

　　（2）曲面立体：由曲面或曲面和平面所围成的几何形体，如圆柱、圆锥和圆环等。

　　根据基本体的形体特征，需要选用不同的命令完成其三维模型创建。

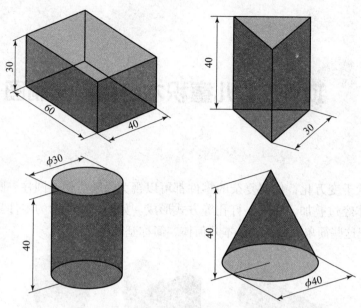

图 2-2　儿童积木中的基本几何体

 学习目标

- **知识目标**
1. 掌握 UG NX 12.0 软件中草图的绘制方法。
2. 掌握草图中尺寸约束和几何约束的方法及技巧。
3. 掌握 UG NX 12.0 软件中拉伸、旋转和通过曲线组命令的使用。
- **能力目标**
1. 通过学习基本体的三维建模，培养基本的三维建模思想，具备基本几何体的建模能力。
2. 通过创建模型，培养空间思维能力。

相关知识

　　任何一个三维实体都是由二维剖面按一定方式（如拉伸、旋转、扫掠等）生成的。通常情况下，用户的三维设计是从草图开始的，通过 UG NX 12.0 中提供的草图功能建立各种基本曲线，对曲线进行几何约束和尺寸约束，然后对二维草图进行拉伸或旋转等创建三维实体。本任务主要介绍在 UG NX 12.0 中创建草图、草图约束、三维实体建模等相关操作。

一、草图绘制

　　草图是一个用来构建二维曲线轮廓的工具，其最大的特点是绘制二维图形时只需先绘制出一个大致的轮廓，然后通过约束条件来精确定义图形。当约束条件改变时，轮廓曲线也自动发生变化。

创建草图之前，需要新建或打开一个模型文件。创建草图的一般步骤是：进入草图界面→创建草图对象→添加约束条件→完成草图。

（一）进入草图界面

1. 打开"创建草图"对话框

打开"创建草图"对话框的方法有两种。

（1）在命令栏中单击"草图" 图标；

（2）在菜单区中，单击"插入"选项，选择"草图"。

如图 2-3 所示，"创建草图"对话框说明如下。

（1）选择"草图类型"为"在平面上"，表示在选定的平面上创建草图。

（2）确定如何定义目标平面，共有以下 3 种方式。

①现有平面：选取基准平面或实体、片体上的平面作为草图平面。

②创建平面：利用"平面"对话框创建新平面作为草图平面。

③创建基准坐标系：构造基准坐标系创建基准平面作为草图平面。

（3）草图方向，即设置草图的水平和竖直方向，可通过选择矢量、实体边、曲线等作为草图平面的水平轴或竖直轴。

2. 设置草图附着平面

（1）选择"草图类型"为"在平面上"。

（2）选取"草图平面"，可根据图 2-3 中的说明进行选择，选择时将光标移动至目标上单击即可选中。如图 2-4 所示，选中 XC-YC 平面作为草图平面。

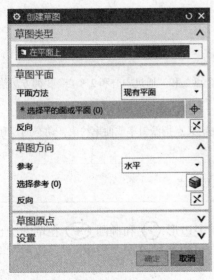

图 2-3 "创建草图"对话框

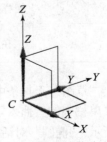

图 2-4 选中 XC-YC 作为草图平面

（3）设置草图方向。默认为 XC 方向为水平方向，YC 方向为竖直方向。若要修改草图方向，可以重新选择。

（二）创建草图对象

1. 草图工具

草图对象是指草图中的曲线和点，可通过"草图"工具条中的草绘命令进行草图绘制。常用的草绘命令如图 2-5 所示，常用草绘命令的功能描述如表 2-1 所示。具体的操作可扫描右侧二维码，观看微课教学。

利用草绘命令绘制平面图形

图 2-5　常用草绘命令

表 2-1　常用草绘命令的功能描述

符号	名称	描述
	轮廓曲线	有直线和圆弧两种模式，可以绘制连贯的曲线
	直线	绘制单条独立的直线
	圆弧	有"三点定圆弧"和"中心和端点定圆弧"两种绘制方法
	圆	有"圆心和直径定圆"和"三点定圆"两种绘制方法
	倒圆角	在两条边之间创建圆角
	倒角	在两条边之间创建斜角
	矩形	有"通过 2 个点""通过 3 个点"和"通过中心和 2 个点"3 种方法绘制矩形
	艺术样条	通过拖动定义点或极点并在定义点指派斜率或曲率约束，动态创建和编辑样条
	点	在点对话框中通过多种方法创建点

除了以上"草图"工具条中的草绘命令外，绘制多边形 ⬡ 和椭圆 ⊕ 在草图中也比较常用。在菜单栏中的"插入"→"草图曲线"里面可以找到这两个命令。"多边形"对话框如图 2-6 所示，"椭圆"对话框如图 2-7 所示。

"多边形"对话框说明如下。

（1）中心点：指定多边形的中心点，中心点也可以进入点构造器中进行设置。

（2）边数：输入多边形的边数，要求大于或等于 3。

（3）指定多边形的大小：①自由选择顶点的方式指定大小；②通过指定"边长""内切圆直径"或"外接圆直径"的方法确定多边形大小。

图 2-6　"多边形"对话框

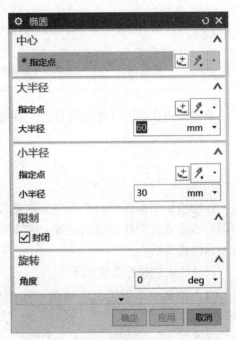

图 2-7　"椭圆"对话框

"椭圆"的对话框说明如下。

（1）中心：指定椭圆的中心点，中心点也可以进入点构造器中进行设置。

（2）大半径：输入椭圆的长轴半径。

（3）小半径：输入椭圆的短轴半径。

（4）限制：可设置椭圆是否闭合，或者椭圆的轮廓范围。

（5）旋转：可设置将椭圆整体以中心为圆心旋转一定的角度。

2. 草图编辑

在绘制草图时，需要对草图进行修剪、延伸、偏置等操作，UG MX 12.0软件中提供了快捷的草图编辑命令，如表 2-2 所示。

草图编辑命令的
使用方法

表 2-2　草图编辑命令说明

符号	名称	描述
	快速修剪	以任意方向将曲线修剪至最近的交点或选定的边界
	快速延伸	将曲线延伸至另一邻近曲线或选定的边界
	偏置曲线	将草图中的曲线沿某一方向偏移一定的距离，生成新的曲线

续表

符号	名称	描述
	阵列曲线	将草图中的曲线沿某一方向阵列出等距离的一系列新的曲线
	镜像曲线	将草图中的曲线沿某一直线镜像出与之对称的新曲线

草图编辑命令的具体使用方法，请扫描前页二维码，观看微课视频。

（三）添加约束条件

1. 草图中的尺寸约束

在初步绘制草图时，不需要太在意尺寸是否正确，只需要绘制出近似轮廓即可。完成好形状创建的轮廓，需要进行尺寸约束，以确定草图中曲线的大小和位置关系。

尺寸约束的操作步骤如下。

（1）选择"草图工具"中的"快速尺寸" 图标，或选择菜单区中"插入"→"草图约束"→"尺寸"→"快速"，打开"快速尺寸"对话框，如图2-8所示。

草图约束

（2）单击选择被约束的草图曲线。选择一条直线或曲线表示约束其大小，选择两个元素说明约束两者之间的距离。

（3）单击左键确定几何约束在草图中的放置位置。

（4）单击中键（MB2）关闭对话框。

UG NX 12.0 草图中具有 9 种尺寸约束类型，具体含义如下。

（1）自动判断：根据光标位置和选择的对象智能地推断尺寸约束类型。

（2）水平：在两点间建立一平行于 XC 轴的尺寸约束。

（3）竖直：在两点间建立一平行于 YC 轴的尺寸约束。

（4）点到点：在两点间建立一平行于两点连线的尺寸约束。

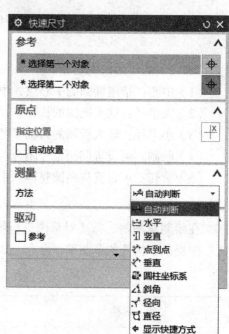

图 2-8 "快速尺寸"对话框

（5）垂直：建立从一条线到一个点的正交距离约束。

（6）圆柱坐标系：创建带有符号"ϕ"的尺寸。

（7）斜角：创建两条直线之间的夹角。

（8）径向：建立一个圆或圆弧的半径约束。

（9）直径：建立一个圆或圆弧的直径约束。

> **温馨小提示**
>
> 一般建模中常用"自动判断"以快速建立几何约束。

2. 草图中的几何约束

草图中的几何约束用于确定草图对象的几何特征和草图对象间的几何关系。添加几何约束的操作步骤如下。

（1）单击"草图"工具条中的"几何约束" //┴ 图标，或选择菜单栏中"插入"→"草图约束"→"尺寸"→"几何约束"，打开"几何约束"对话框，如图2-9所示。

图2-9 "几何约束"对话框

（2）"几何约束"对话框中共有12种约束形式，其含义如表2-3所示。

选择几何约束方法，如要约束直线与圆相切，则在"几何约束"对话框中选择"相切"，再依次选择直线和圆，即可完成，如图2-10所示。

表2-3 几何约束含义说明

符号	约束类型	描述
✔	重合	约束两个或多个顶点或点，使之重合
✝	点在线上	将顶点或点约束到一条线上
⌀	相切	约束两条线，使之相切
//	平行	约束两条或多条线，使之平行
⊥	垂直	约束两条线，使之垂直
▬	水平	约束一条或多条线，使之水平放置
▮	竖直	约束一条或多条线，使之竖直放置
┼	中点	约束顶点或点，使之与某条线的中点对齐

续表

符号	约束类型	描述
\\\\	共线	约束两条或多条线，使之共线
◉	同心	约束两条或多条曲线，使之同心
═	等长	约束两条或多条线，使之等长
⌒	等半径	约束两个或多个圆弧，使之等半径

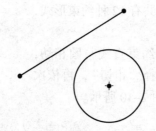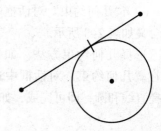

图 2-10　约束直线与圆相切

若要了解其他几何约束的具体操作，可扫描右侧的二维码，观看微课视频。

（3）关闭"几何约束"对话框。

几何约束

> **温馨小提示**
>
> 　在对草图进行尺寸约束和几何约束时，会相互冲突，发生这种情况的尺寸和几何图形的颜色会变成洋红色，此时可通过将洋红色的约束删除来解决。

二、基本体建模

儿童积木中的基本体建模需要使用的建模命令有：拉伸和旋转。

（一）拉伸

"拉伸"命令主要用于沿某一个方向任意截面形状不变的几何体或零件的建模。

单击"特征"工具条上的"拉伸" 🔲 命令，或在菜单区中选择"插入"→"设计特征"→"拉伸"，弹出如图 2-11 所示的"拉伸"对话框。

"拉伸"对话框设置说明如下。

（1）截面：指定要拉伸的曲线或边，可以是草图曲线，也可以是实体上的边。

（2）方向：指定要拉伸截面曲线的方向。默认方向为选定截面曲线的法向，也可以通过"矢量构造器"和"自动判断"构造矢量。

（3）限制：定义拉伸特征的整体构造方法和拉伸范围。

（4）布尔：创建单一基本几何体时，默认为自动判断或无。

（5）设置：用于设置拉伸特征为片体或实体，要获得实体，截面曲线必须为封闭曲线。

详细操作可扫描右侧二维码，观看微课视频。

拉伸命令

（二）旋转

"旋转"命令主要用于曲面体的建模，该命令可以使截面曲线绕指定轴回转一个非零角度，以此创建特征，如图 2-12 所示。

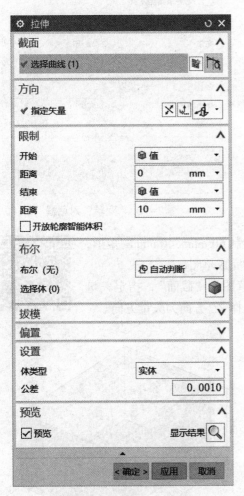

图 2-11　"拉伸"对话框

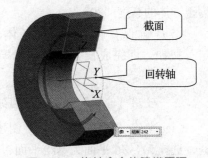

图 2-12　旋转命令的建模原理

单击"特征"工具条上的"旋转"  命令，或在菜单区中选择"插入"→"设计特征"→"旋转"，弹出如图 2-13 所示的"旋转"对话框。

"旋转"对话框设置说明如下。

（1）截面：选择截面曲线，可以是基本曲线、草图、实体或片体的边，并且可以封闭也可以不封闭。截面曲线必须在旋转轴的一边，不能相交。

（2）轴：指定矢量为指定旋转方向，指定点为指定旋转中心。

（3）限制：定义旋转特征的整体构造方法和旋转范围。

其他选项与"拉伸"对话框中的选项类似，不再赘述。

详细操作可扫描右侧二维码，观看微课视频。

图 2-13 "旋转"对话框

 任务实施

儿童积木的三维建模步骤如下。

1．使用"拉伸"命令创建长方体三维模型

（1）单击"草图"，打开"创建草图"对话框，选择 *XC-YC* 平面为草绘平面，单击"确定"按钮，进入草绘界面。

（2）绘制草图：在草图界面用"矩形"命令绘制 60 mm × 40 mm 的矩形，完成尺寸约束和几何约束，保证草图全约束，然后完成草图。

（3）选择"拉伸"命令，选取绘制的正方形草图为"截面"，指定矢量为默认，若报错，则在"自动判断"类型列表中选择 *ZC* 方向为矢量方向。

旋转命令

（4）设置"限制"，开始值为"0"，结束值为正方体的高度"30"。

（5）确保"设置"为实体，单击"确定"按钮，即完成长方体三维建模，如图 2-14 所示。

2．使用"旋转"命令创建圆锥三维模型

（1）单击"草图"，打开"创建草图"对话框，选择 *XC-ZC* 平面为草绘平面，单击"确定"按钮，进入草绘界面。

（2）绘制草图：用"轮廓曲线"命令绘制直角三角形，短直角边长为 20 mm，长直角边为

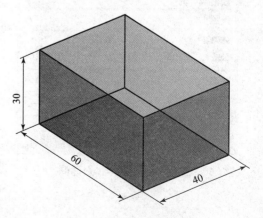

图 2-14 长方体三维建模

40 mm，完成尺寸约束和几何约束，保证草图全约束，然后完成草图。

（3）选择"旋转"命令，选取绘制的三角形草图为"截面"，指定矢量为 ZC 轴，指定点选择草图原点。

（4）设置"限制"，初始角度为"0"，结束角度为"360"。

（5）确保"设置"为"实体"，单击"确定"按钮，即完成圆锥的三维建模，如图 2-15 所示。

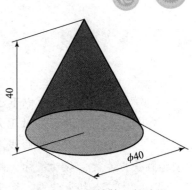

图 2-15　圆锥体三维建模

知识梳理与任务评价

绘制本任务思维导图

任务评价细则			
序号	评分项目	评分细则	星级评分
1	模型方位	模型方位是否符合零件投影的要求	☆☆☆☆☆
2	模型结构是否正确	模型结构是否完整，尺寸是否正确	☆☆☆☆☆
3	建模思路	模型树中建模思路是否清晰、合理	☆☆☆☆☆
总评			☆☆☆☆☆

拓展提升

1. 草图的约束状态

草图的约束状态有以下 3 种。

（1）欠约束状态。对于欠约束的草图，系统会在提示栏中显示"草图还需 n 个约束"，这说明草图中的曲线没有完全约束。此时，将光标移动至未被约束的曲线上，按住鼠标左键，移动鼠标，曲线的形状或位置会发生变化。

（2）完全约束状态。提示栏中显示"草图已完全约束"，此时可完成草图。

（3）过约束状态。当对几何对象应用的约束超过了对其控制所需的约束时，即为几何对象过约束，提示栏显示"草图包含过约束的几何体"，且与之相关的几何对象以及尺寸会变成红色。

温馨小提示

尽管不完全约束的草图也可以用于后续的特征创建，但最好还是通过尺寸约束和几何约束完全约束草图。完全约束的草图可以确保设计更改期间，解决方案能始终一致。

2. 棱锥的三维建模

棱锥也是基本几何体中的常见形体，一般有三棱锥、四棱锥、六棱锥等，如图 2-16 所示。棱锥的形体特征无法满足"拉伸"和"旋转"命令创建模型的要求，需要借助其他的工具进行创建。

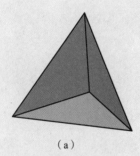　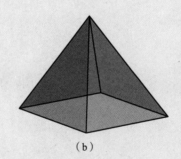　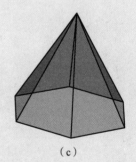

（a）　　　　　　　　　　　（b）　　　　　　　　　　　（c）

图 2-16　棱锥

（a）三棱锥；（b）四棱锥；（c）六棱锥

下面介绍正三棱锥的建模方法。

（1）单击"草图"，打开"创建草图"对话框，选择 XC-YC 平面为草绘平面，单击"确定"按钮，进入草绘界面。

（2）绘制草图：选择"多边形"命令创建正三角形，边长为 30 mm，完成尺寸约束和几何约束，保证草图全约束，然后完成草图。

（3）选择菜单区中"插入"→"基准/点"→"点"命令，创建三棱锥的顶点位置。

直接在"点构造器"中输入坐标（40，0，0），单击"确定"按钮。

（4）选择菜单区中"插入"→"网格曲线"→"通过曲线组"命令，选择步骤（2）绘制的草图，然后单击鼠标中键或"添加新集"，再选择创建的点，即可完成三棱锥的三维建模。

以上方法也适用于四棱锥、圆锥、圆台等截面变化的几何体模型创建，而在曲面造型中，"通过曲线组"命令将会发挥更大的作用。

任务二　儿童积木的三视图

任务引入

通过上一个任务的三维建模，我们发现立体图尽管能形象地表达几何体的轮廓结构，但在表达零件的局部结构和具体尺寸时具有一定的局限性。通过不断探索和总结，人们在生产和生活实践中找到了投影的方法，实现了"空间—平面—空间"的形式转换。

在工程行业中，一般采用正投影的原理将空间几何体的轮廓投影到平面上，形成"视图"来进行二维表达。但是，一个视图无法确定几何体的具体形状，如图2-17所示，需要建立一个多面投影体系，来完整地表达几何体结构。本任务以儿童积木中的基本体为例来介绍三面投影体系的建立，以及基本体三视图的绘制与创建。

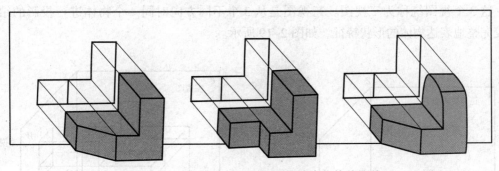

图 2-17　几何体的单面投影不能确定物体的形状

学习目标

● 知识目标

1. 理解三视图之间的方位关系和尺寸关系。
2. 理解点线面的投影原理。
3. 掌握基本体三视图的绘制与创建方法。
4. 掌握基本体的尺寸标注方法。

● **能力目标**

1. 能通过三视图的形成和点、线、面的投影，建立空间投影的思维。
2. 能识读基本体的三视图，快速创建基本体三维模型。
3. 能在三维软件中快捷创建几何体三视图。

 相关知识

一、三视图的形成

（一）三面投影体系的建立

为了准确表达物体的形状特征，一般选取互相垂直的 3 个投影面来构成三面投影体系，分别称为正立投影面（简称正面或 V 面）、水平投影面（简称水平面或 H 面）和侧立投影面（简称侧面或 W 面），如图 2-18 所示。

投影法和三视图的形成

（二）三视图的形成

将物体按一定方位放置于三面投影体系中，按正投影法向 3 个投影面进行投射，分别得到 3 个投影，称为 3 个视图。规定 3 个视图的名称分别如下。

（1）主视图：由前向后投射所得到的视图。
（2）俯视图：由上向下投射所得到的视图。
（3）左视图：由左向右投射所得到的视图。

这 3 个视图统称为三视图。三视图是从 3 个不同方向对同一个物体进行投影的结果，能较完整地表达物体的形状特征，如图 2-19 所示。

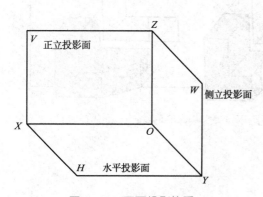

图 2-18　三面投影体系

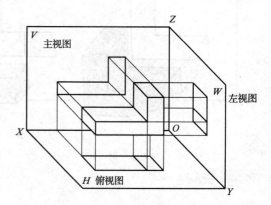

图 2-19　三面投影的形成过程

为了将 3 个视图画在一张图纸上，必须将 3 个相互垂直的投影面展开到同一个平面。展开方法如图 2-20 所示，保持 V 面不动，将 H 面绕 OX 轴向下旋转 $90°$，将 W 面绕 OZ 向右旋转 $90°$，就得到展开后的三视图，如图 2-21 所示。实际绘图时，应去掉投影面边框和投影轴，如图 2-22 所示。

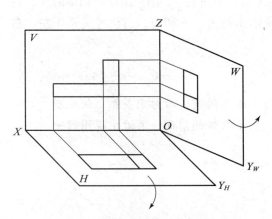

图 2-20　三面投影的展开方法

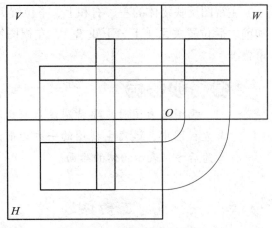

图 2-21　展开后的三面投影

（三）三视图之间的对应关系

由三视图的展开过程可知，三视图之间的相对位置是固定的，即主视图、俯视图和左视图之间形成对应的位置关系，如图 2-22 所示。

主视图反映物体的长度（OX 轴方向）和高度（OZ 轴方向），俯视图反映物体的长度（OX 轴方向）和宽度（OY 轴方向），左视图反映物体的高度（OZ 轴方向）和宽度（OY 轴方向）。因此，无论是机件的整体或局部，其三面投影都符合以下投影规律：主、俯视图长对正；主、左视图高平齐；俯、左视图宽相等。

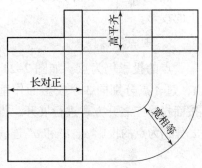

图 2-22　去除边框的三面投影

（四）三视图之间的方位关系

空间中的物体有左右、前后、上下 6 个方位，对应三视图中的每一个视图，均能反映物体的两个方向的位置关系，如图 2-23 所示。

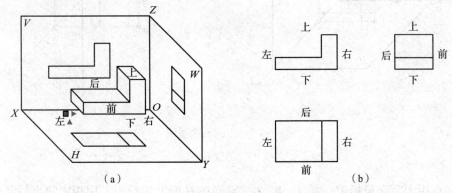

图 2-23　三面投影和物体的方位关系

（a）立体图；（b）三面投影

主视图反映物体的左、右和上、下位置关系（前、后重叠），俯视图反映物体的左、右和前、后位置关系（上、下重叠），左视图反映物体的上、下和前、后位置关系（左、右重叠）。

> **温馨小提示**
>
> 画图与看图时，要特别注意俯视图与左视图的前、后对应关系。俯视图与左视图中，远离主视图的一方为前方，表示物体的前面；靠近主视图的一方为后方，表示物体的后面。

二、点、线、面的投影

（一）点的投影

点是最基本的几何要素，一切几何形状都是点的集合。因此，首先讨论点的投影。

点的投影

1. 点的投影特点

点的投影仍为点。如图 2-24（a）所示，在三面投影体系中有一空间点 A，过 A 点分别向 3 个投影面作垂线，得垂足 a、a' 和 a''，即得 A 点在 3 个投影面的投影。按面投影三展开方式进行展开，得 A 点的三面投影图，如图 2-24（b）所示。图中，a_x、a_y、a_z 分别为点的投影 a、a' 和 a'' 连线与投影轴 OX、OY、OZ 的交点。

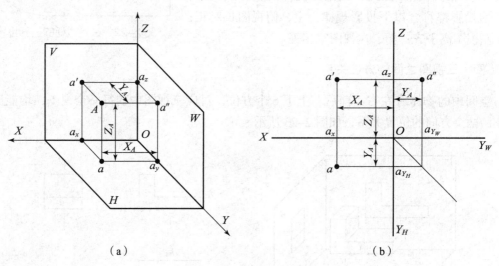

（a）　　　　　　　　　　　　（b）

图 2-24　点的三面投影

2. 点的标记

空间点用大写字母标记，如 A、B、C，它们在 H 面上的投影，用相应的小写字母标记，如 a、b、c；在 V 面上的投影，用相应的小写字母加一撇标记，如 a'、b'、c'；在 W 面上的投影，用相应的小写字母加两撇标记，如 a''、b''、c''。

3. 点的投影规律

点的三面投影规律如下。

（1）点的正面投影和水平投影的连线垂直于 OX 轴（$aa' \perp OX$）；

（2）点的正面投影和侧面投影的连线垂直于 OZ 轴（$a'a'' \perp OZ$）；

（3）点的水平投影到 OX 轴距离，等于点的侧面投影到 OZ 轴的距离（$aa_x = a_z a''$）。

此外，从图 2-24 中还可看出点的投影到投影轴的距离，分别等于空间点到相应投影面的距离，即 $a_z a' = aa_y$，反映 A 点到 W 面的距离；$a_x a' = a_y a''$，反映 A 点到 H 面的距离；$aa_x = a_z a''$，反映 A 点到 V 面的距离。

根据上述点的投影规律，若已知点的两个投影，则可作出其第三个投影。

如图 2-25 所示，已知点的两面投影，求作第三面投影，步骤如下。

第一步：过 b' 作 $b'b_z \perp OZ$，则所求的 b'' 点必定在 $b'b_z$ 直线上；

第二步：根据 $b''b_z = bb_x$，截取相等长度，即可得出 b'' 点；

第三步：过 a' 作 $a'a_X \perp OX$，则所求的 a 点必定在 $a'a_X$ 直线上；

第四步：根据 $a''a_z = aa_x$，截取相等长度，即可得出 a 点，如图 2-26 所示。

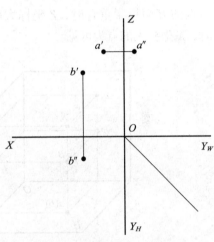

图 2-25　求作第三面投影

4. 两点相对位置

1）两点相对位置的确定

两点的相对位置由两点的坐标大小来确定。如图 2-27 所示，两点左右相对位置，由 X 坐标确定，$X_A < X_B$，A 点在 B 点的右方；两点前后相对位置，由 Y 坐标确定，$Y_A < Y_B$，A 点在 B 点的后方；两点上下相对位置，由 Z 坐标确定，$Z_A > Z_B$，A 点在 B 点的上方。

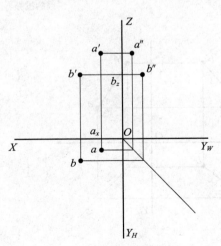

图 2-26　点的第三面投影

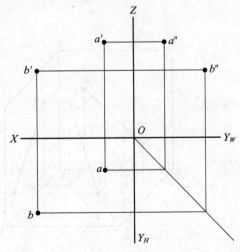

图 2-27　点的相对位置

温馨小提示

X 坐标大的在左方、Y 坐标大的在前方、Z 坐标大的在上方。

2）重影点及其可见性判别

当空间两点的某两个坐标相等，即两点处在某一投影面的同一条垂线上时，它们在该投影面上的投影必然重合为一点，简称重影点。

沿其投射方向观察，则一点可见，另一点不可见（用圆括号表示）。其可见性须根据两点不重影的投影的坐标大小来判断，即当两点的 V 面投影重合时，Y 坐标大的点为可见；当两点的 H 面投影重合时，Z 坐标大的点为可见，如图 2-28 所示；当两点的 W 面投影重合时，X 坐标大的点为可见。

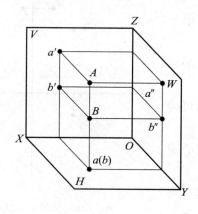
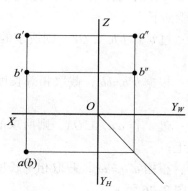

图 2-28　重影点的判别

（二）线的投影

直线的投影一般仍为直线（当一直线垂直于某一投影面时，其在该投影面上的投影积聚为一点）。要作出直线的投影，只要作出空间直线上任意两点的投影，然后连接两点的同面投影，即可得到直线的三面投影，如图 2-29 所示。

线的投影

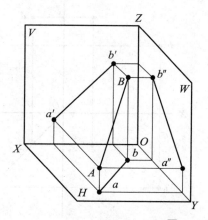
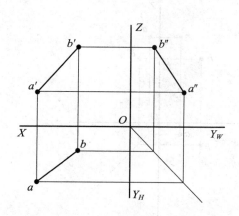

图 2-29　直线的投影

直线在三面投影体系中有 3 种位置：投影面垂直线、投影面平行线、一般位置直线。前两种直线又称为特殊位置直线。

1. 投影面垂直线的投影规律

垂直于一个投影面、平行于另外两个投影面的直线，称为投影面垂直线。

投影面垂直线有 3 种，垂直于 H 面的直线称为铅垂线，垂直于 V 面的直线称为正垂线，垂直于 W 面的直线称为侧垂线。表 2-4 为投影面垂直线的立体图、投影图及投影特性。

表 2-4 投影面垂直线的立体图、投影图及投影特性

名称	立体图	投影图	投影特性
铅垂线			（1）水平投影积聚成一点 $a(b)$； （2）$a'b'=a''b''=AB$，且 $a'b' \perp OX$，$a''b'' \perp OY$
正垂线			（1）正面投影积聚成一点 $b'(c')$； （2）$bc=b''c''=BC$，且 $bc \perp OX$，$b''c'' \perp OZ$
侧垂线			（1）侧面投影积聚成一点 $c''(d'')$； （2）$cd=c'd'=CD$，且 $c'd' \perp OZ$，$cd \perp OY$

由表 2-4 可见：

（1）直线在所垂直的投影面上的投影积聚成点；

（2）直线在另两个投影面上的投影反映空间线段的实长，且垂直于所垂直的投影面上的两根投影轴。

2. 投影面平行线的投影规律

平行于一个投影面、倾斜于另外两个投影面的直线，称为投影面平行线。

投影面平行线有 3 种，平行于 H 面的直线称为水平线，平行于 V 面的直线称为正平线，

平行于 W 面的直线称为侧平线。

直线与投影面所夹的角叫直线对投影面的倾角。α、β、γ 分别为直线对 H 面、V 面、W 面的倾角。表 2-5 为投影面平行线的立体图、投影图及投影特性。

表 2-5　投影面平行线的立体图、投影图及投影特性

名称	立体图	投影图	投影特性
水平线			（1）$ab=AB$，反映空间直线 AB 实长； （2）$a'b' \mathbin{/\mkern-5mu/} OX$，$a''b'' \mathbin{/\mkern-5mu/} OY$，均比空间直线短； （3）$ab$ 与 OX 和 OY 的夹角等于 AB 对 V、W 面的倾角 β、γ
正平线			（1）$b'c'=BC$，反映空间直线 BC 实长； （2）$bc \mathbin{/\mkern-5mu/} OX$，$b''c'' \mathbin{/\mkern-5mu/} OZ$，均比空间直线短； （3）$b'c'$ 与 OX 和 OZ 的夹角等于 BC 对 H、W 面的倾角 α、γ
侧平线			（1）$c''d''=CD$，反映空间直线 CD 实长； （2）$cd \mathbin{/\mkern-5mu/} OY$，$c'd' \mathbin{/\mkern-5mu/} OZ$，均比空间直线短； （3）$c''d''$ 与 OY 和 OZ 的夹角等于 CD 对 H、V 面的倾角 α、β

由表 2-5 可见：

（1）直线在所平行的投影面上的投影反映实长；

（2）直线在另两个投影面上的投影为类似性（缩短）且平行于所平行的投影面上的两根投影轴；

（3）反映实长的投影与投影轴的夹角等于空间直线对投影面的倾角。

3. 一般位置直线的投影规律

与 3 个投影面都倾斜的直线，称为一般位置直线，其在 3 个投影面上的投影均小于实长，如图 2-30 所示。

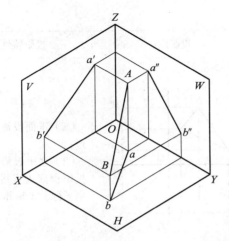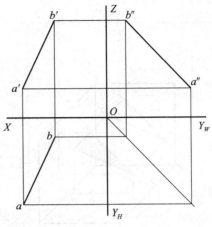

图 2-30　一般位置直线的三面投影

由此得出一般位置直线的投影特征是：

（1）直线的三面投影都倾斜于投影轴，且投影长度小于实长；

（2）直线的投影与投影轴的夹角，不反映空间直线对投影面的倾角。

（三）平面的投影

平面的投影一般仍为平面。平面在三面投影体系中有 3 种位置：投影面平行面、投影面垂直面、一般位置平面。前两种平面又称为特殊位置平面。

1. 投影面平行面的投影规律

平行于一个投影面、垂直于另外两个投影面的平面，称为投影面平行面。根据平行的投影面不同，可将投影面平行面分为以下 3 种。

（1）水平面：平行于 H 面，并垂直于 V、W 面的平面。

（2）正平面：平行于 V 面，并垂直于 H、W 面的平面。

（3）侧平面：平行于 W 面，并垂直于 H、V 面的平面。

面的投影

投影面平行面的投影特征如表 2-6 所示。

表 2-6　投影面平行面的投影特征

名称	立体图	投影图	投影特性
水平面			（1）水平投影反映实形； （2）正面投影和侧面投影积聚为直线，且分别平行于 X 轴和 Y 轴

名称	立体图	投影图	投影特性
正平面			（1）正面投影反映实形； （2）水平投影和侧面投影积聚为直线，且分别平行于 X 轴和 Z 轴
侧平面			（1）侧面投影反映实形； （2）正面投影和水平投影积聚为直线，且分别平行于 Z 轴和 Y 轴

由表 2-6 可见：

（1）平面在所平行的投影面上的投影反映实形；

（2）平面在另两个投影面上的投影积聚为直线，并分别平行于所平行的投影面上的两根投影轴。

2. 投影面的垂直面投影规律

垂直于一个投影面而与另外两个投影面倾斜的平面称为投影面垂直面。根据垂直的投影面不同，可将投影面垂直面分为以下 3 种。

（1）铅垂面：垂直于 H 面，并与 V、W 面倾斜的平面。

（2）正垂面：垂直于 V 面，并与 H、W 面倾斜的平面。

（3）侧垂面：垂直于 W 面，并与 H、V 面倾斜的平面。

投影面垂直面的投影特征如表 2-7 所示。

由表 2-7 可见：

（1）平面在所垂直的投影面上的投影积聚为斜线，该线段与两投影轴的夹角反映平面对另两投影面的倾角；

（2）平面在其余两投影面上的投影均为比原平面小的类似形。

表 2-7　投影面垂直面的投影特征

名称	立体图	投影图	投影特性
铅垂面			（1）水平投影积聚成直线；（2）正面投影和侧面投影为比原平面小的类似形
正垂面			（1）正面投影积聚成直线；（2）水平投影和侧面投影为比原平面小的类似形
侧垂面			（1）侧面投影积聚成直线；（2）水平投影和正面投影为比原平面小的类似形

3. 一般位置平面的投影规律

与 3 个投影面都倾斜的平面，称为一般位置平面，如图 2-31 所示。一般位置平面的投影特征是：

（1）3 个投影都是比原平面小的类似形；

（2）不反映该平面对投影面的倾角。

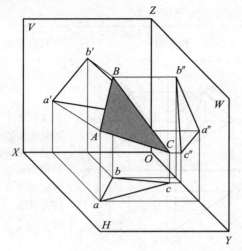
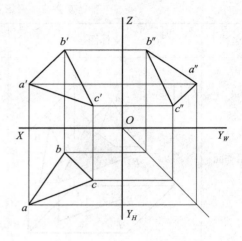

图 2-31　一般位置平面的投影特性

三、基本体的三视图

（一）基本体的三视图绘制

1. 棱柱的三视图

棱柱是由顶面、底面、侧面和侧棱组成。以正三棱柱为例，将其直立放置在三面投影体系中，且有一个侧面与 V 面平行，如图 2-32 所示。

基本体的三视图

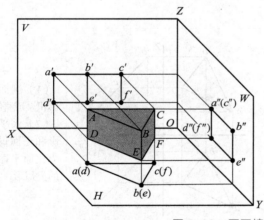
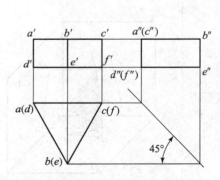

图 2-32　正三棱柱的三视图

该棱柱各表面和侧棱线的投影分析如下。

（1）棱柱的顶面和底面：顶面和底面为水平面，在 H 面的投影反映实形（三角形），在 V 面、W 面的投影积聚为两条直线。

（2）棱柱的侧面：与 V 面平行的侧面在 V 面的投影反映实形，在 H 面、W 面的投影积聚为直线；另外两个侧面为铅垂面，在 H 面的投影积聚为直线，在 V 面和 W 面的投影为相似形。

（3）3 条侧棱线：3 条侧棱为铅垂线，在 V 面、W 面上投影反映实长，在 H 面的投影积聚为 3 个点。

由此得出，棱柱的三视图特征：一个视图有积聚性，是棱柱顶面和底面实形的多边形，反映了棱柱的形状特征；另两个视图为矩形线框，根据棱线的可见性分析，用粗实线或虚线表示。

绘制棱柱的三视图时，一般先画出积聚性即反映底面实形的视图，再根据三视图间的投影关系画出其他两个视图。

2. 棱锥的三视图

棱锥是由底面、侧面和侧棱线组成，其底面为多边形，各侧棱线交于一点，侧棱面为 3 个具有公共顶点的三角形。当棱锥的底面为正多边形、各侧棱线相等时，称为正棱锥。

下面以正三棱锥为例，将其放置在三面投影体系中，使其底面与 H 面平行，并有一个棱面垂直于 W 面，如图 2-33 所示。

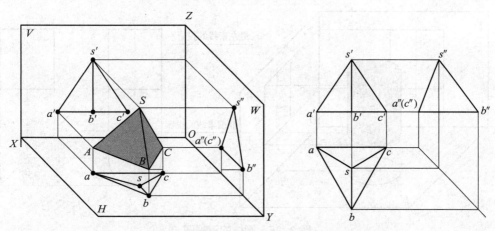

图 2-33 正三棱锥的三视图

该棱锥各表面和侧棱线的投影分析如下。

（1）三棱锥的底面：底面为水平面，在 H 面的投影反映实形（三角形），在 H 面、W 面的投影积聚为直线。

（2）三棱锥的侧面：与 W 面垂直的侧面在 W 面的投影积聚为直线，在 H 面、V 面的投影为类似形；另外两个侧面为一般位置平面，在 3 个投影面的投影均为类似形。

（3）三棱锥的侧棱线：左右两条侧棱为正平线，在 V 面的投影反映实长，在 H 面、W 面的投影为类似形，且两条棱线在 W 面的投影重合；最前方的侧棱为侧平线，在 W 面反映的投影实长，在 H 面、V 面的投影为类似形。

由此得出，正棱锥的三视图特征：当棱锥的底面平行于某个投影面时，在该投影面上得到的外轮廓为正多边形，内部为具有公共顶点的等腰三角形；另外两个视图是由若干个共顶点的三角形线框所组成。

画棱锥的三视图时，一般先画底面的各个投影，再定出锥顶的各个投影，然后将锥顶和底面各顶点的同面投影连接起来即可。

3. 圆柱的三视图

圆柱的表面由圆柱面和两底面所围成。圆柱面又称为回转面，它是由一条母线（直线或曲线）绕某一轴线旋转而形成的。母线在其运动轨迹的任意位置称为素线，圆柱面上的任意一条素线都是平行于轴线的直线，如图 2-34 所示。

将圆柱放置在三面投影体系中，使其轴线垂直于水平面，如图 2-35 所示。

圆柱各表面的投影分析如下。

（1）顶面和底面：顶面和底面均为水平面，在 H 面的投影反映实形（圆面），且顶面可见，底面不可见；在 V 面、W 面的投影积聚为两条直线。

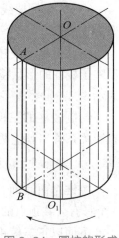

图 2-34　圆柱的形成

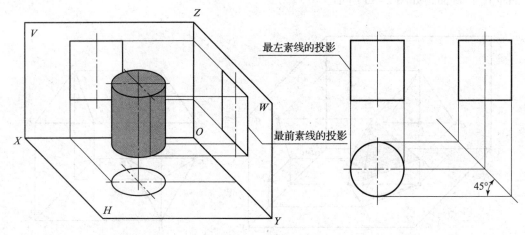

图 2-35　圆柱的三视图

（2）圆柱面：圆柱面与 H 面垂直，H 面投影积聚在圆周上；V 面投影是前半部分圆柱面和后半部分圆柱面的重合投影，呈矩形，前半部分可见，后半部分不可见；W 面投影是左半部分圆柱面和右半部分圆柱面的重合投影，呈矩形，左半部分可见，右半部分不可见。

（3）轴线：轴线虽然不是一条实际存在的轮廓线，但是在圆柱的三视图中也要绘制出来。轴线与 H 面垂直，在 H 面上积聚成一点为圆的圆心，在 V 面和 W 面上均为直线。

由此得出，圆柱的三视图特征：当圆柱的轴线垂直于某一投影面时，则圆柱在该投影面上得到的视图为与其顶面、底面全等的圆；另外两个视图为全等的矩形。

画圆柱的三视图时，先画出圆柱轴线的三面投影，然后画出投影为圆的视图，再根据投影关系画出圆柱的另两个视图。

　　画图时应注意，根据制图标准的规定，细点画线要超出该回转体轮廓线 3~5 mm。

4. 圆锥的三视图

圆锥的表面由圆锥面和底面所围成，如图 2-36 所示。圆锥面可看作是一条母线围绕与它相交的轴线旋转而成。在圆锥面上通过锥顶的任一直线称为圆锥面的素线。

将圆锥放置在三面投影体系中，使其轴线垂直于水平面，如图 2-37 所示。

该圆锥各表面的投影分析如下。

（1）圆锥的底面：底面为水平面，在 H 面的投影反映实形（圆），但由于圆锥面的投影与底面重合，故底面投影是不可见的；在 V 面、W 面的投影积聚为直线。

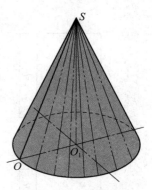

图 2-36　圆锥的形成

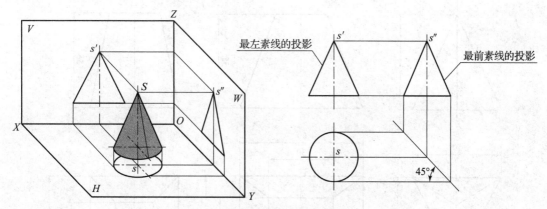

图 2-37　圆锥的三视图

（2）圆锥面：圆锥面在 H 面投影成圆；V 面投影是前半部分圆锥面和后半部分圆锥面的重合投影，呈三角形，前半部分可见，后半部分不可见；W 面投影是左半部分圆锥面和右半部分圆锥面的重合投影，呈三角形，左半部分可见，右半部分不可见。

（3）轴线：与圆柱类似。

由此得出，圆锥的三视图特征：当圆锥的轴线垂直于某一投影面时，则圆锥在该投影面上得到的视图为与其底面全等的圆；另外两个视图为全等的等腰三角形。

画圆锥的三视图时，先画出圆锥轴线的三面投影，然后画出投影为圆的视图，再根据投影关系画出圆锥的另两个视图。

（二）基本体的尺寸标注

视图只能表达物体的结构和形状，而物体的大小是由尺寸来确定的。掌握基本体的尺寸注法是学习各种形体尺寸标注的基础。

1. 平面立体的尺寸标注

平面立体一般标注长、宽、高 3 个方向的尺寸。棱柱、棱锥和棱台，须标注确定其底面形状大小的尺寸和高度尺寸，且应标注在反映形状特征的视图上，如图 2-38 所示。

基本体的尺寸
标注

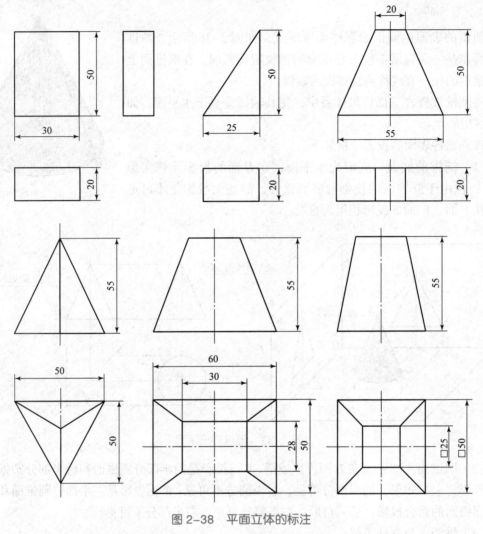

图 2-38　平面立体的标注

其中，正方形的尺寸可采用在边长尺寸数字前加注"□"符号的形式注出。

2. 曲面立体的尺寸标注

圆柱和圆锥须注出底面直径和高度尺寸，直径尺寸一般注在非圆视图上，并在尺寸数字前加注符号"ϕ"，如图 2-39 所示。当把尺寸集中标注在一个非圆视图上时，一个视图即可清楚表达它们的形状和大小，其他视图就可省略。标注球的尺寸时，须在表示直径的尺寸数字前加注符号"$S\phi$"；在表示半径的尺寸数字前须加注符号"SR"。

（三）基本体的三视图创建

UG NX 12.0 的制图功能非常强大，可以满足用户的各种制图需求，而且其生成的二维工程图和几何模型是相关联的，即模型发生改变，二维工程图也自动更新，这给用户修改模型和修改二维工程图带来了同步的好处，可节省不少的设计时间，提高工作效率。在 UG NX 12.0 环境下，任何一个三维模型，都可以通过不同的投影方法、不同的投影尺寸和不同的比例，建立多样的二维工程图。

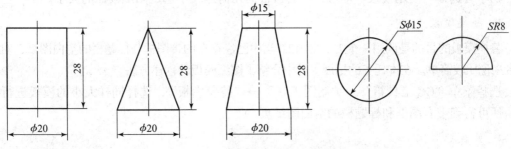

图 2-39   曲面立体的尺寸标注

完成创建的几何体三维模型，通过以下的具体操作步骤即可完成三视图创建：切换制图模块→新建图纸页→替换模板→修改标题栏→创建投影视图→尺寸标注。

UG 中三视图
创建

1. 切换制图模块

UG NX 12.0 中有包括建模、制图、钣金、仿真、加工、造型等多个工作模块，前期的三维建模在"建模"模块里完成，工程图的创建需要进入到"制图"模块。

单击"启动" 图标右侧的下拉箭头，选择"制图"即可进入"制图"模块；也可直接在命令栏应用模块中选择"制图"进入。

2. 新建图纸页

单击菜单区中的"插入"→"图纸页"，或单击命令栏中的"新建图纸页" 命令打开"图纸页"对话框，如图 2-40 所示。

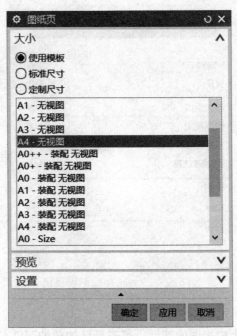

图 2-40   "图纸页"对话框

初学者选择"使用模板"即可,然后再根据几何体大小选定图纸幅面的大小。

3. 替换模板

替换模板的目的是调用一个 UG NX 12.0 当中已经存在的带图框与标题栏的空白图纸,对初学者来说比较简单。在本任务的拓展提升中介绍了图纸模板的创建方法。

选择菜单"GC 工具箱"→"制图工具"→"替换模板",选择同样大小的模板进行替换,便可得到带有图框和标题栏的空白图纸页。

4. 修改标题栏

双击标题栏即可修改相关信息。

> **温馨小提示**
>
> 若无法直接修改,可查看菜单栏中"格式"→"图层设置"中的"170"和"173"图层是否打开。

5. 创建投影视图

根据三视图的投影原理,创建视图时首先创建主视图(在 UG NX 12.0 中,主视图为前视图),然后再根据对应关系创建出俯视图和左视图。

选择命令栏中的"基本视图"工具,或在菜单栏中选择"插入"→"视图"→"基本视图",打开"基本视图"对话框,如图 2-41 所示。

图 2-41 "基本视图"对话框

"基本视图"对话框中设置介绍如下。

(1)部件:选择需要生成视图的部件。可选择已加载的部件,也可重新打开。

（2）模型视图：将"要使用的模型视图"切换成"前视图"。

（3）比例：根据模型的大小选择合适的调整比例。

完成以上设置之后，将光标移动至图纸页的绘图区域，找到主视图的合适位置，单击，创建出主视图。然后光标向下移动，在与主视图对正的位置，单击，创建出俯视图；用同样的方法创建出左视图，即完成了三视图的创建。

6. 尺寸标注

根据基本几何体的尺寸标注要求，按照 UG NX 12.0 草图中标注尺寸的方法，选择"快速尺寸"工具进行尺寸标注。

> **温馨小提示**
>
> 在非圆视图中标注直径尺寸时，需要选择"圆柱坐标系"标注，尺寸数字前便自动带有符号"ϕ"。

 任务实施

1. 基本体三视图绘制

1）正三棱柱三视图绘制

（1）绘制正三棱柱上、下底面的投影，如图 2-42 所示。

（2）绘制正三棱柱 3 条侧棱的投影，如图 2-43 所示。

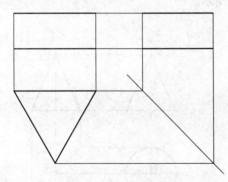

图 2-42　步骤（1）

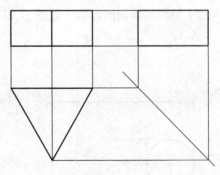

图 2-43　步骤（2）

2）正三棱锥三视图绘制

（1）绘制正三棱锥底面的投影，以及顶点 S 的投影，如图 2-44 所示。

（2）绘制正三棱锥 3 条侧棱的投影，如图 2-45 所示。

3）圆柱三视图绘制

（1）绘制圆柱顶面和底面的投影，如图 2-46 所示。

（2）绘制圆柱面的投影，如图 2-47 所示。

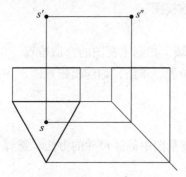

图2-44 步骤（1）

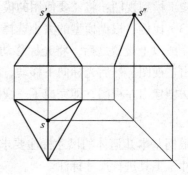

图2-45 步骤（2）

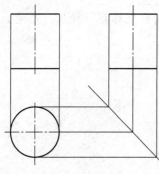

图2-46 步骤（1）

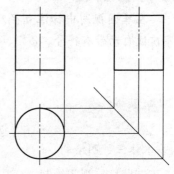

图2-47 步骤（2）

4）圆锥三视图绘制

（1）绘制圆锥顶面和顶点 S 的投影，如图 2-48 所示。

（2）绘制圆锥面的投影，如图 2-49 所示。

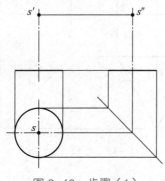

图2-48 步骤（1）

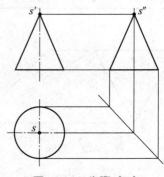

图2-49 步骤（2）

2. 基本体三视图创建

以正三棱柱的三视图创建为例，在 UG NX 12.0 中创建三视图的步骤如下。

（1）打开正三棱柱的三维模型文件。

（2）单击切换至制图模块。

（3）单击命令栏"新建图纸页"命令，勾选"使用模板"，选择 A4 图纸幅面，单击"确定"按钮。

任务实施：基本
体三视图创建

（4）选择菜单区中"GC 工具箱"→"制图工具"→"替换模板"，选择 A4 模板替换。

（5）打开图层后，修改标题栏中的基本信息。

（6）选择"基本视图"，切换"前视图"，比例选择"1 : 1"，在图纸中依次创建出主视图、俯视图和左视图。

（7）利用"快速尺寸"工具为正三棱柱标注边长和高。

知 识 梳 理 与 任 务 评 价

绘制本任务思维导图

任务评价细则			
序号	评分项目	评分细则	星级评分
1	图框	是否调用图框	☆☆☆☆☆
2	标题栏	标题栏是否填写正确、完整	☆☆☆☆☆
3	视图布局	视图布局是否合适，布局是否美观	☆☆☆☆☆
4	图形表达是否完整	零件图视图表达方法是否正确、合理、不缺线或漏线	☆☆☆☆☆
5	标注	尺寸与尺寸公差标注是否完整	☆☆☆☆☆
		表面粗糙度标注与几何公差标注是否合理	☆☆☆☆☆
		技术要求标注是否合理	☆☆☆☆☆
		总评	☆☆☆☆☆

拓展提升

一、几何体上点的投影

（一）平面立体上点的投影

几何体上点的
投影

求平面立体上点的投影，其原理和方法与求平面上点的投影相同。求平面立体上点的投影时，必须先确定该点是在平面立体的哪一个表面上。若点在某个表面上，则该点的投影必在该表面的各同面投影范围内；若该表面可见，则该点的同面投影也可见，反之，则不可见。点的投影若在平面的积聚投影上，则可不必判断可见性。

1. 三棱柱上点的投影

如图 2-50 所示，根据 a' 的位置判断，A 点落在三棱柱的一侧面上，则 A 点的投影也必然落在该面的同面投影上。

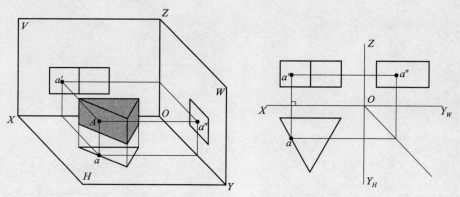

图 2-50　三棱柱上点的投影

求 A 点的另外两面投影的步骤如下。

（1）该面在 H 面的投影积聚成直线，过 a' 点作 X 轴的垂线，与侧面投影相交，即为 A 点在 H 面的投影 a。

（2）然后根据高平齐，宽相等的原则即可求得 a''。

2. 三棱锥上点的投影

如图 2-51 所示，根据 B 点在三棱锥俯视图的位置判断，B 点落在三棱锥的侧面上，则 B 点的投影也必然落在该侧面的同面投影上。三棱锥的侧面为一般位置平面，因此采用辅助线法求解。

求 B 点的另外两面投影的步骤如下。

（1）在三棱锥的俯视图中，连接 s 与 b 延长至三棱锥的一条底边，与其相交于 m 点。

（2）M 点落在底边上，因此它的投影 m 也落在同面底边的投影上。过 m 点作 X 轴的垂线，与三棱锥主视图的底面投影相交于一点，即为 m'。

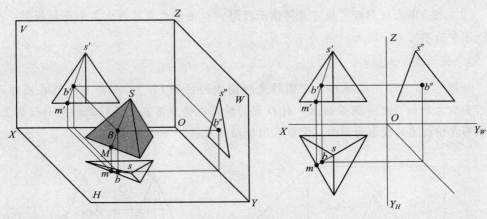

图 2-51　三棱锥上点的投影

（3）在主视图中连接 s' 与 m'，根据点在直线上，其投影也一定在其同面投影上的原理，可判断 b' 点必然也在直线 $s'm'$ 上。过 b 点作 X 轴的垂线，与辅助线 $s'm'$ 相交于一点，该点即为 b'。

（4）求出两面投影后，便可求得第三面投影。

（二）曲面立体上点的投影

1.　圆柱上点的投影

如图 2-52 所示，根据 C 点在圆柱主视图中的投影，判断 C 点落在圆柱的靠前和靠右的四分之一圆柱面上，则 C 点的投影也必然落在该圆柱面的同面投影上。圆柱面在俯视图的投影积聚为一个圆周。

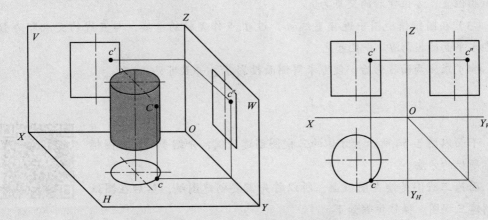

图 2-52　圆柱上点的投影

已知 c' 的位置，求 C 点的另外两面投影的步骤如下。

（1）过 c' 点作 X 轴的垂线，与圆柱俯视图相交于两点；根据之前判断 C 点落在靠前和靠右的四分之一圆柱面上，则靠前的交点为 C 点水平面投影 c；

（2）求出两面投影后，便可求得侧面投影 c''。由于 C 点落在右半个圆柱面上，在左视图中为不可见，因此 c'' 也为不可见。

2. 圆锥上点的投影

如图 2-53 所示，根据 D 点在圆锥主视图中的投影（d'），判断 D 点落在圆锥的靠后和靠左的四分之一圆锥面上，则 D 点的投影也必然落在该圆锥面的同面投影上。圆锥面在俯视图的投影为圆面，需要采用辅助线求解。

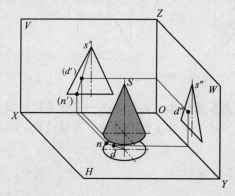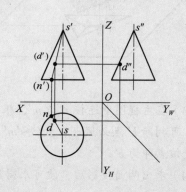

图 2-53　圆锥上点的投影

已知 d' 的位置，求 D 点的另外两面投影的步骤如下。

（1）在圆锥的主视图中，连接 s' 和 d'，延长至圆锥的底面投影，与其相交于 n' 点；则 N 点是圆锥底面外圆上的一点。

（2）过 n' 点作 X 轴的垂线，与圆锥俯视图的圆周相交于两点。根据 D 点在圆锥面上的位置，方位靠后的交点为 n。

（3）在圆锥俯视图中连接直线 sn，过 d' 点作 X 轴的垂线，与直线的交点即为 D 点在水平面的投影 d，并且可见。

（4）求出两面投影后，便可求得侧面投影 d''，并且可见。

二、手动创建图框和标题栏

下面以图 2-54 所示长方体的三视图创建为例，介绍手动创建图框和标题栏的方法。

因为工程图是绘在图纸上，所以首先需要创建图纸，然后在图纸上创建三视图。操作步骤如下。

软件中手动创建
图样模板

1. 创建图纸

（1）新建文件。打开 UG NX 12.0 软件，单击"新建"，模型名称设置为"A3 图纸简化模板"，选择保存文件夹，单击"确定"按钮，进入到"建模"界面。

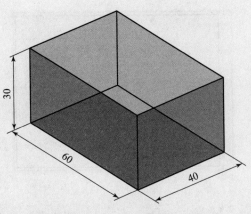

图 2-54 长方体模型

（2）切换制图模块。选择"启动"→"制图"，进入到"图纸页"对话框，选择"标准尺寸"大小为"A3"，选择"比例"为"1∶1"，选择"单位"为"mm"，选择"投影"为"第一角投影"，单击"确定"按钮。

（3）绘制图幅。单击"矩形"□□命令，输入起点（0，0），终点（420，297）绘制矩形。选中矩形一边后右击选择"编辑显示" 命令，设置"线型"为"实线"，设置"线宽"为"0.35"，然后对矩形其余三边进行同样的设置，这就是 A3 图幅的大小。

（4）绘制图框。首先确定装订边距，此 A3 图纸留装订边，通过查表 1-2 可知，$a=25$，$c=5$；然后在 UG NX 12.0 软件中选择"偏置曲线" 命令，再选取左侧曲线，偏置距离设置为"25"，向内偏置，单击"应用"按钮，如图 2-55 所示；采用同样的方法，选择其他三边，偏置距离设置为"5"；再利用"快速修剪" 命令，把多余的线条剪掉；然后与步骤（3）类似，设置图框线型为"实线"，设置"线宽"为"0.7"；最后选中尺寸线，单击"隐藏"，将全部尺寸线隐藏，完成草图。创建完成的图框如图 2-56 所示。

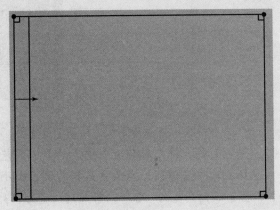

图 2-55 "偏置曲线"对话框与偏置曲线

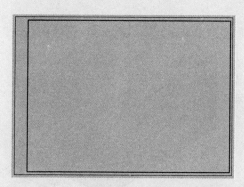

图 2-56　留装订边的 A3 图纸图框

（二）创建标题栏

（1）创建表格。单击"插入"→"表格"→"表格注释"命令，在"表格注释"对话框中，"锚点"选择"右下"，将"表大小"中的"列数"设置为"7"，将"行数"设置为"4"，将"列宽"设置为"15"，如图 2-57 所示。

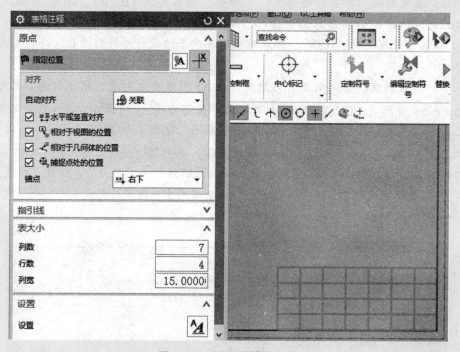

图 2-57　插入标题栏表格

（2）设置列宽。将光标移至表格左起第二列范围内，右击选择"选择"→"列"命令，这样就选中了该列，再右击选择"调整大小"，设置列宽为"25"；用同样的方法，设置第三列列宽为"20"，第五列列宽为"35"。

（3）设置行高。将光标移至表格第一行范围内，右击选择"选择"→"行"命令，这样就选中了该行，再右击选择"调整大小"，设置行高为"8"；用同样的方法，设置其余行高。

通过步骤（2）、（3）后，标题栏如图2-58所示。

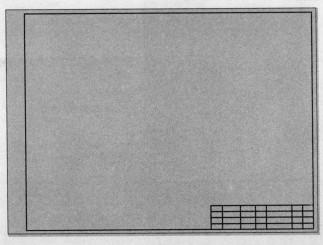

图2-58　标题栏表格长宽调整

（4）合并单元格。选中要合并的单元格，再右击选择"合并单元格"即可，合并后的标题栏如图2-59所示。

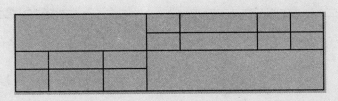

图2-59　标题栏表格合并单元格

（5）输入文字。双击需要输入文字的单元格，分别输入"制图""审核""材料""数量""比例""图号""×××学院"。可以对字体、字高、对齐方式进行设置。以"制图"为例，选择"制图"单元格，右击选择"设置"，进入到"编辑设置"对话框，字体为"chinesef_fs"即长仿宋体，高度为"5"，文本对齐为"中心"，其余单元格进行类似设置。文字设置过程如图2-60所示，设置完后标题栏如图2-61所示。

通过上面操作，A3图纸的简易模板就创建完成了，如图2-62所示。

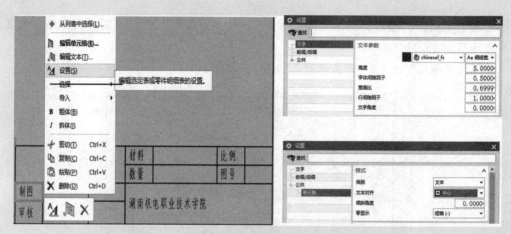

图 2-60　文字设置过程

		材料		比例	
		数量		图号	
制图			湖南机电职业技术学院		
审核					

图 2-61　设置完后的标题栏

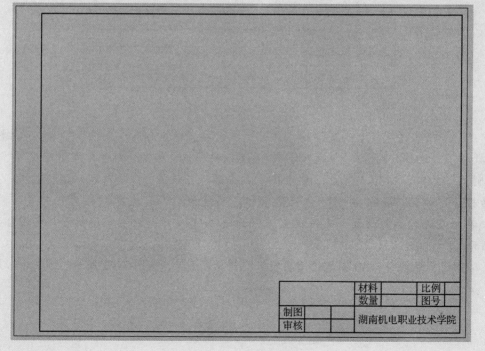

图 2-62　A3 图纸简易模板

项目三 榔头的建模与制图

在实际的生产实践中，许多较为常见的机械零件，往往不是单一、完整的基本几何体，而是由基本几何体进行截切后形成的形体，如加工中常用于定位装夹的工具V形块、起连接作用的接头、用于轴上零件装配的钩头楔键等，如图3-1所示。这类由基本体截切后形成的几何体称之为截切几何体，简称截切体。

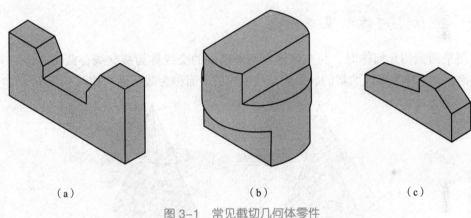

（a）   （b）   （c）

图3-1 常见截切几何体零件
（a）V形块；（b）接头；（c）钩头楔键

任务一 榔头的三维建模

任务引入

图3-2为生活中常见工具榔头。除开手柄，榔头的形状就是一个典型的截切体。本任务通过创建榔头的三维模型，介绍在三维软件中如何修剪基本几何体。

图3-2 生活中的榔头

学习目标

- **知识目标**
1. 熟悉几何体被截切的相关概念。
2. 掌握截平面的创建方法。
3. 掌握修剪体和布尔求差命令在创建截切体中的应用。
- **能力目标**
1. 能正确使用布尔求差和修剪体命令。
2. 能灵活应用建模命令创建楔头以及其他简单截切体的三维模型。

 相关知识

一、截切几何体的基本概念

当用平面截切几何体时，与几何体表面所形成的交线称为截交线；截切立体的平面称为截平面。在立体上形成的新的、由截交线围成的平面称为截断面，如图3-3所示。

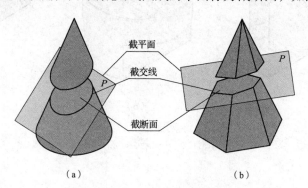

图3-3 立体被截切

（a）单一平面截切曲面体；（b）单一平面截切平面体

截切几何体的形式多样，有单一平面截切曲面基本几何体，如图3-3（a）所示；有单一平面截切平面基本几何体，如图3-3（b）所示；还有多个平面截切平面或曲面基本几何体，如图3-4所示。

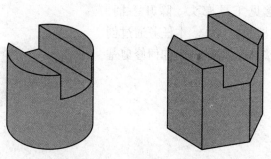

图3-4 立体被多个平面截切

二、截切几何体的三维建模

（一）截平面创建

1. 拉伸创建截平面

在前面的项目中我们学习了利用"拉伸"命令创建基本几何体的模型，其实不仅可以通过拉伸封闭的草图生成实体，还可以通过拉伸直线或曲线生成片体，即单一的平面。

如图 3-5 所示，在草图中创建一条与 X 轴重合的直线，在"拉伸"对话框中将矢量方向指定为 Y 轴或 Z 轴方向，均形成一个平面，如图 3-6 所示。通过这种方法可以创建出用于截切几何体的截平面。

截切体的三维建模

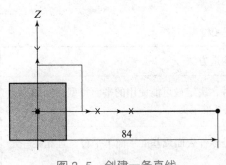

图 3-5　创建一条直线

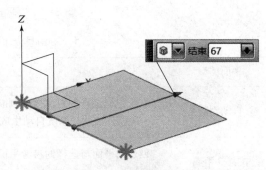

图 3-6　将直线拉伸成平面

温馨小提示

在创建截平面时，草图平面须选择与截平面垂直的平面。

2. 基准平面创建截平面

截平面除了可以利用"拉伸"命令创建以外，还可以使用基准平面。在软件初始状态下，一般有 XC-YC，XC-ZC 和 YC-ZC 这 3 个基准平面，为了辅助构造其他特征，可以创建新的基准平面。选择"特征"功能区的"基准平面" <u>基准平面</u> 命令，或在菜单区选择"插入"→"基准/点"→"基准平面"，打开"基准平面"对话框，如图 3-7 所示。

"基准平面"对话框设置说明如下。

（1）类型：可通过平面构造方法创建新的平面。表 3-1 介绍了常用基准平面的类型和构造方法。

（2）要定义平面的对象：用于创建新基准平面的参考平面。

（3）平面方位：创建平面的方向。

（4）偏置和设置为默认状态。

图 3-7 "基准平面"对话框

表 3-1 常用基准平面的类型和构造方法

平面类型	平面构造方法
自动判断	系统根据选择的对象自动判断约束条件，决定最可能使用的平面类型。例如，选取一个实体表面，系统自动生成一个预览基准平面
按某一距离	创建的平面与选择的参考平面（可以是零件表面或基准平面）平行，且相距一定的距离
成一角度	通过指定的旋转轴并与一个选定的平面成一角度来创建基准平面
二等分	选择两个平行平面，创建与它们等距离的中心基准平面；或选择两个相交平面，创建与它们等角度的角平分面
曲线和点	通过一个指定的点，再指定第二个对象（可以是点、曲线、轴、面等）来确定基准平面的法向
两直线	通过选择两条直线创建一个基准平面。如果选择的两条直线在同一平面内，则创建的平面与两条直线组成的面重合；如果选择的两条直线不在同一平面内，则创建的平面过其中一条直线与另一条直线垂直
YC–ZC 平面 XC–ZC 平面 XC–YC 平面	创建的平面与工作坐标系的主平面平行或重合

（二）截切几何体方法

1. 修剪体

对于由单一的截平面进行截切的几何体，可以采用"修剪体"命令进行创建。选

72

择功能区"特征"选项卡中的"修剪体" 命令，或在菜单区中选择"插入"→"修剪"→"修剪体"，打开"修剪体"对话框，如图3-8所示。

如图3-9所示，选择六棱锥模型为目标体，创建的平面为截平面，利用反向工具确定截切方向，然后单击"确定"按钮。被截切后的六棱柱如图3-10所示。

图3-8 修剪体对话框

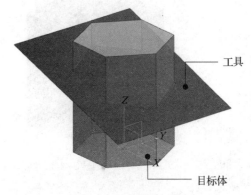

图3-9 六棱柱被截切

2. 布尔求差

布尔运算可以将原先存在的多个独立实体进行运算，以产生新的实体。布尔运算包括合并、减去和相交。其中，减去运算可用于将几何体中的某一部分移除。如图3-11所示的模型，要在长方体的中间开一个六棱柱的孔。

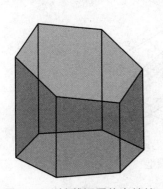

图3-10 被截切后的六棱柱

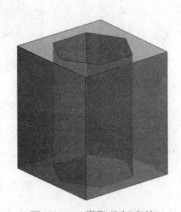

图3-11 带孔的长方体

在已创建完成的长方体中间利用"拉伸"创建六棱柱，"拉伸"对话框中将布尔设置为"减去"，如图3-12所示，即布尔求差，选择长方体为目标体，即可完成模型创建。

图3-12 在"拉伸"对话框中设置布尔求差

也可以先创建出长方体与六棱柱两个几何体，然后再选择命令：下拉菜单中选择"插入"→"组合"→"减去"，系统弹出如图 3-13 所示的"求差"对话框，选择长方体为"目标体"，六棱柱为"工具体"，单击"确定"按钮，完成创建。

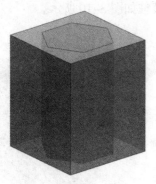

图 3-13　创建模型后再进行布尔求差操作

任务实施

创建图 3-14 所示的榔头的三维模型。

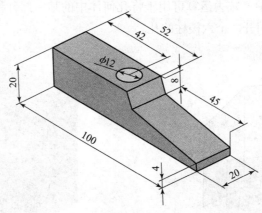

图 3-14　榔头的三维模型

榔头的三维建模可综合利用两种修剪几何体的命令，按以下步骤完成：

（1）创建 100 mm×20 mm×20 mm 的长方体，如图 3-15（a）所示；

（2）利用"拉伸"命令创建截平面，如图 3-15（b）所示；

（3）利用"修剪体"命令修剪长方体，并将步骤（2）的截平面隐藏，如图 3-15（c）所示；

（4）利用"拉伸"命令创建圆柱，并利用布尔求差创建出孔，如图 3-15（d）所示。

（5）单击"确定"按钮，完成榔头创建，如图 3-15（e）所示。

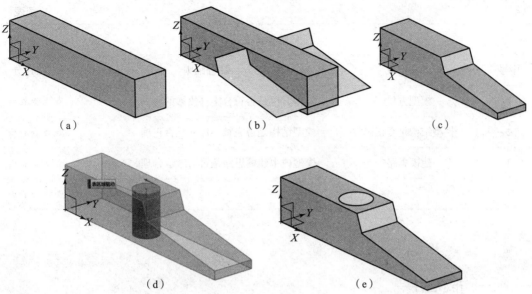

图 3-15 榔头的三维模型创建步骤

知识梳理与任务评价

绘制本任务思维导图

续表

任务评价细则			
序号	评分项目	评分细则	星级评分
1	模型方位	模型方位是否符合零件投影的要求	☆☆☆☆☆
2	模型结构是否正确	模型结构是否完整，尺寸是否正确	☆☆☆☆☆
3	建模思路	模型树中建模思路是否清晰、合理	☆☆☆☆☆
		总评	☆☆☆☆☆

拓展提升

一、布尔合并

布尔合并操作用于将工具体和目标体合并成一体，如图 3-16 中的正方体和球体，属于两个独立的几何体。选择菜单区的"插入"→"组合"→"合并"，弹出如图 3-17 所示的"合并"对话框，依次选择目标体（正方体）和工具体（球体），单击"确定"按钮，完成布尔合并操作。

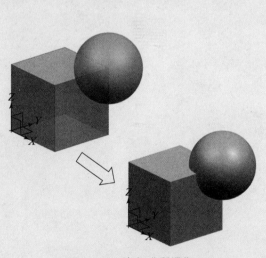

图 3-16 布尔求和操作

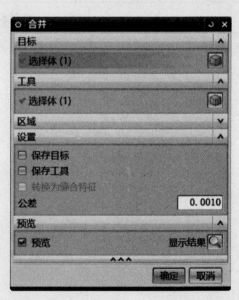

图 3-17 "合并"对话框

温馨小提示

布尔合并操作要求工具体和目标体必须在空间上接触才能进行运算，否则将提示出错。

二、布尔相交

布尔相交操作用于创建包含两个几何体的公用体积，即保留公共部分。进行布尔相交运算时，两个几何体必须相交。如图3-18所示的正方体与球体相交，选择菜单区的"插入"→"组合"→"相交"，弹出如图3-19所示的"相交"对话框，依次选择目标体（正方体）和工具体（球体），单击"确定"按钮，完成布尔相交操作。

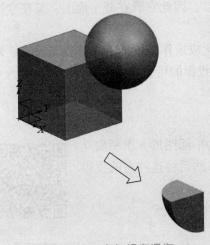

图3-18 布尔相交操作

图3-19 "相交"对话框

任务二 榫头的三视图

任务引入

由于截切几何体是在基本几何体的基础上切割而成的，因此截切几何体的三视图关键是要求作截断面或相交后形成的截交线的投影。本任务介绍如何用三视图正确表达榫头这类截切几何体。

学习目标

- 知识目标
1. 掌握截交线的性质。
2. 掌握绘制截交线的方法与步骤。

- 能力目标
1. 能正确分析截平面与被截几何体的相对位置，确定截交线的形状。
2. 能正确分析截平面与投影面的关系，确定截交线的投影特性。
3. 能正确绘制截切几何体的三视图。

相关知识

由于立体分为平面立体和曲面立体，它们的表面形状不尽相同，且截平面与立体的相对位置也不同，因此产生的截交线的形状也有很大的差别，但任何截交线都具有下列两个基本性质。

（1）封闭性：任何立体被截切后形成的截交线必然是一个封闭的平面图形。

（2）共有性：截交线是截平面与立体表面的共有点，因此它既在截平面上，又在立体表面上。

根据以上的性质，可以将求作截交线的投影，转化成求作截平面与立体表面的一系列共有点的投影，然后依次连接即可，最后再判断截交线投影的可见性。

一、平面立体被截切

当平面立体被截切时，形成的截交线是一个封闭的平面图形。求平面立体截交线的投影，就是求截平面与各棱线交点的投影，然后将这些点的投影依次连接即可。

平面几何体被截
切三视图表达

（一）正三棱锥被截切

【例3-1】 如图3-20（a）所示，求作正三棱锥被正垂面截切后的三面投影。

解：

1）分析

因为正三棱锥被正垂面所截，截平面与正三棱锥的3个棱面均相交，所以截交线围成了三角形，三角形的顶点为截平面与三条棱线的交点。由于截平面为正垂面，因此截交线的正面投影积聚成一条直线，而水平投影和侧面投影为类似形。

2）作图

（1）用细实线绘制出正三棱锥的水平投影和侧面投影，如图3-20（b）所示。

（2）在正面投影上标出截平面与4条棱线的交点A、B、C的正面投影 a'、b'、c'，再根据直线上的点的投影规律求它们的另外两面投影，如图3-20（c）所示。

（3）连接各顶点的同面投影并判别可见性，即得到截交线的投影。

（4）分析三棱锥上未被截切的轮廓，判别可见性并加深，如图3-20（d）所示。

（二）正四棱柱被截切

【例3-2】 如图3-21（a）所示，求作正四棱柱被截切后的三面投影。

解：

1）分析

在正四棱柱的上方切割一个矩形通槽，通槽由3个特殊位置平面切割而成。槽底为水平面，其正面与侧面投影积聚成直线，水平投影反映实形。两侧面为侧平面，其正面与水平投影积聚成直线，侧面投影反映实形且重合在一起。可利用积聚性求出通槽的水平投影和侧面投影。

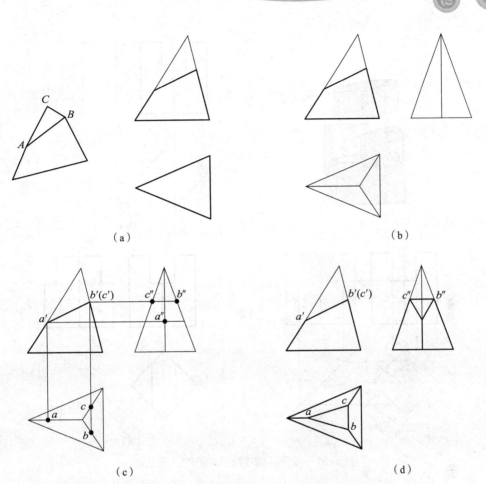

图 3-20　作三棱锥被截切后的三面投影

（a）已知；（b）补画三棱锥；（c）求点；（d）分析可见性并加深

2）作图

（1）用细实线绘制出未被截切的正四棱柱的水平投影和侧面投影，如图 3-21（b）所示。

（2）形成的两侧壁的正面投影积聚成直线。按"长对正"的投影规律，可先在俯视图中作出两侧壁的积聚性投影；然后再按"高平齐""宽相等"的投影规律，作出两侧壁的侧面投影，如图 3-21（c）所示。

（3）形成的水平面的水平投影即如图 3-21（d）所示的六边形，反映实形；侧面投影积聚成直线，需判断可见性。

（4）分析四棱柱上未被截切的轮廓，判别可见性并加深，如图 3-20（d）所示。

二、曲面立体被截切

用平面切割曲面立体时，截交线的形状取决于曲面立体的表面形状，以及截平面与曲面立体的相对位置。

曲面几何体被截切三视图表达

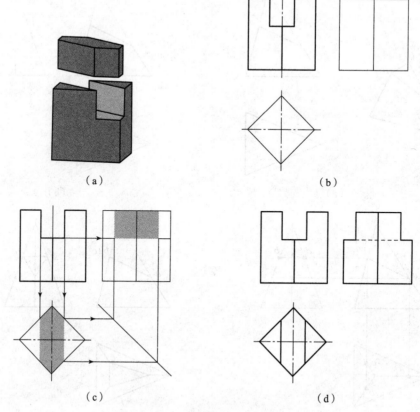

图 3-21　作正四棱柱被截切后的三面投影

（a）已知；（b）补画四棱柱；（c）求截断面投影；（d）分析可见性并加深

（一）圆柱被截切

根据截平面与圆柱轴线位置的不同，可将圆柱上的截交线分为 3 种情况，如表 3-2 所示。

表 3-2　圆柱的截交线

截平面的位置	截平面平行于轴线	截平面垂直于轴线	截平面倾斜于轴线
轴测图			

续表

截交线 形状	矩形		圆	椭圆
投影	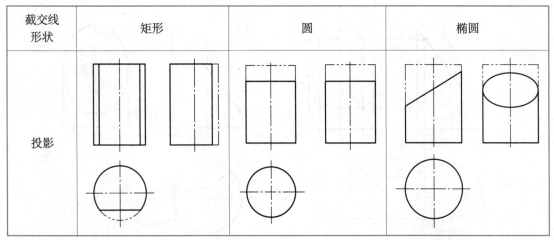			

其中，截平面与轴线倾斜时形成的椭圆形截交线，它的侧面投影绘制需通过找出椭圆上特殊点和若干个中间点的投影，再用光滑的圆弧连接而成。

【例 3-3】 如图 3-22（a）所示，已知被截切圆柱的两面投影，求作第三面投影。

解：

1）分析

圆柱被正垂面截切形成椭圆形状的截交线。椭圆的正面投影积聚为一条斜线，水平投影与圆柱面重合，仅需求出侧面投影。

2）作图

（1）求特殊点。由截交线的正面投影，直接作出截交线上 4 个特殊点的侧面投影，即椭圆的最高点（1″）、最低点（2″）、最前点（3″）、最后点（4″）4 个点，如图 3-22（b）所示。

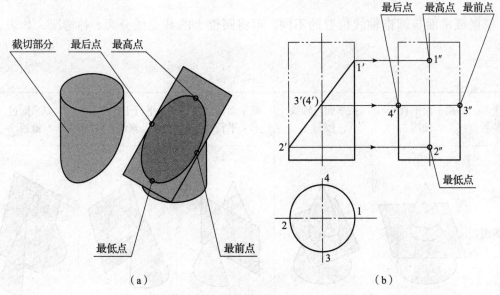

图 3-22　求作圆柱被截切后的三面投影

（a）圆柱被截切；（b）求特殊点

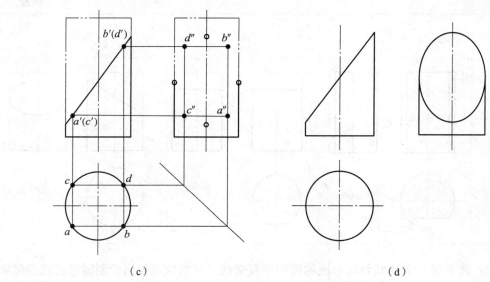

（c）
（d）

图 3-22　求作圆柱被截切后的三面投影（续）
（c）求中间点；（d）分析可见性并加深

2）求中间点。在截交线投影成圆的视图中，在每段 1/4 圆弧上各取一点，为了简化作图，取图 3-22（c）所示的 a、b、c、d 这 4 个点。根据"长对正"的投影规律，可在截交线投影积聚成线的视图中作出 a'、b'、c'、d'。再根据"高平齐""宽相等"作出 a''、b''、c''、d''。

3）连接各点。将各点用光滑的曲线连接，即形成截交线的投影，如图 3-22（d）所示。

（二）圆锥被截切

根据截平面与圆锥轴线位置的不同，可将圆锥上的截交线分为 5 种情况，如表 3-3 所示。

表 3-3　圆锥的截交线

截平面的位置	截平面垂直于轴线	截平面与轴线倾斜	截平面与轴线平行	平行于任意素线	截平面过锥顶
轴测图					

续表

截交线形状	圆	椭圆	封闭的双曲线	封闭的抛物线	等腰三角形
投影					

【例3-4】 如图3-23（a）、（b）所示，已知被截切圆锥的正面投影，求作另外两面投影。

解：

1）分析

圆锥被正垂面截切形成椭圆形状的截交线。椭圆的正面投影积聚为一条斜线，水平投影与侧面投影均为椭圆。

2）作图

（1）求特殊点。有截交线的正面投影，直接作出截交线上4个特殊点的侧面投影，即截平面与圆锥的最前、最后、最左、最右的4条素线的交点，即1″、2″、3″、4″这4个点，如图3-23（c）所示。

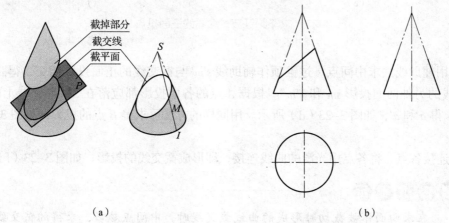

（a） （b）

图3-23 求作圆锥被截切后的三面投影

（a）求被截切圆锥的三视图；（b）关键在于求截交线的投影

83

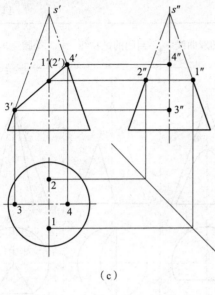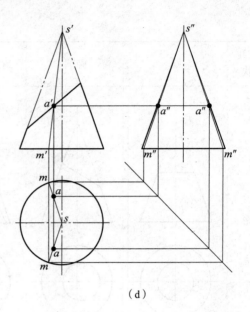

（c）   （d）

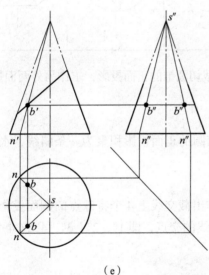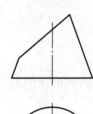

（e）   （f）

图 3-23　求作圆锥被截切后的三面投影（续）

（c）求特殊点；（d）求中间点 A；（e）求中间点 B；（f）连接各点，形成截交线

2）用辅助线法求中间点。过锥顶作辅助线 $s'm'$ 与截交线的正面投影相交，得 a'，可求得辅助线的另外两面投影 sm 和 $s''m''$。根据 A 点的各面投影都应落在 SM 辅助线上的原理，进而可求得 a 和 a'，如图 3-23（d）所示。用同样的方法可求得 B 点的投影，如图 3-23（e）所示。

3）连接各点。将各点用光滑的曲线连接，即形成截交线的投影，如图 3-23（f）所示。

温馨小提示

在求曲面体被截切时形成的曲线截交线时，中间点越多，求得的截交线越准确。

任务实施

一、榔头的三视图绘制

绘制榔头的三视图时，使得榔头的底面为水平面，截平面为正垂面具体的绘制步骤如下。

（1）绘制被截切前长方体的三视图，如图 3-24（a）所示。

（2）绘制截切部分的三视图，如图 3-24（b）所示。

（3）绘制孔的三视图，如图 3-24（c）所示。

（4）标注尺寸，如图 3-24（d）所示。

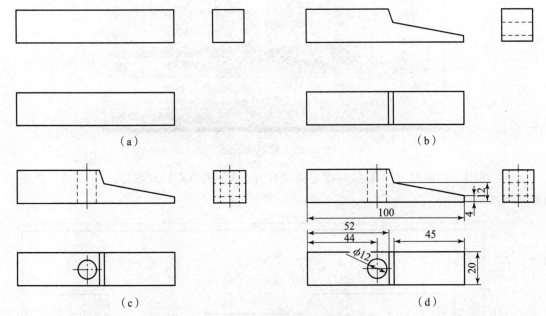

图 3-24　榔头的三视图绘制

二、榔头的三视图创建

榔头模型在 UG NX 12.0 中创建三视图的步骤如下。

（1）打开榔头的三维模型文件，选择制图模块。

（2）单击命令栏"新建图纸页"命令，勾选"使用模板"，选择 A4 图纸幅面，单击"确定"按钮；选择菜单区中"GC 工具箱"→"制图工具"→"替换模板"，选择 A4 模板替换；打开图层后，修改标题栏中的基本信息。

（3）选择"基本视图"，切换"前视图"，比例选择"1∶1"，在图纸中依次创建出主视图、俯视图和左视图。

一般工程图的视图不显示不可见的隐藏线，如主视图中的孔不可见，如需要显示，可以通过修改视图样式来完成。

在图纸中选取需要显示隐藏线的视图，右击选择"设置"，或从菜单区选择"编辑"→"设置"进入"设置"对话框。在"公共"的节点下选择"隐藏线"选项，然后在"格式"选项组进行隐藏线设置，如图 3-25 所示。

图 3-25 隐藏线设置

（4）利用"快速尺寸"工具为榔头标注尺寸。用 UG NX 12.0 创建出的榔头三视图如图 3-26 所示。

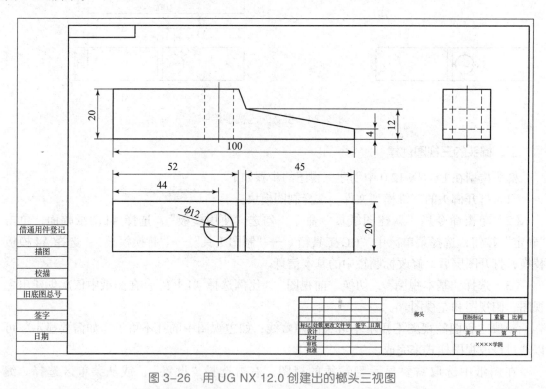

图 3-26 用 UG NX 12.0 创建出的榔头三视图

知识梳理与任务评价

绘制本任务思维导图

任务评价细则

序号	评分项目	评分细则	星级评分
1	图框	是否调用图框	☆☆☆☆☆
2	标题栏	标题栏是否填写正确、完整	☆☆☆☆☆
3	视图布局	视图布局是否合适，布局是否美观	☆☆☆☆☆
4	图形表达是否完整	零件图视图表达方法是否正确、合理、不缺线或漏线	☆☆☆☆☆
5	标注	尺寸与尺寸公差标注是否完整	☆☆☆☆☆
		表面粗糙度标注与几何公差标注是否完整	☆☆☆☆☆
		技术要求标注是否合理	☆☆☆☆☆
		总评	☆☆☆☆☆

拓展提升

　　任何位置的截平面截切圆球的截交线都是圆。但当截平面与投影面的相对位置不同时，截交线在各投影面上的投影也不同，如表3-4所示。

表3-4　圆球的截交线

截平面位置	截平面平行于投影面	截平面倾斜于投影面
截交线形状	圆	圆
立体图		
投影图		

　　若截平面与投影面倾斜，则须参照圆柱和圆锥被斜切的方法，绘制截平面的三视图，如图3-27所示。

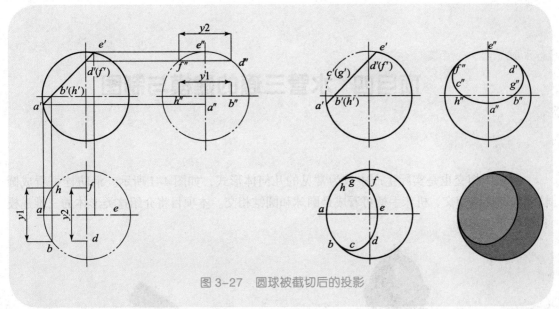

图 3-27 圆球被截切后的投影

项目四 水管三通的建模与制图

两立体相交也是实际生产中较为常见的几何体形式，如图 4-1 所示。消防栓可看成圆柱体与圆柱体相交，机床手柄可看成是圆球和圆锥相交。本项目将介绍这类形体的三维建模和图样表达方法。

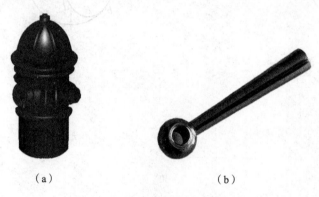

（a） （b）

图 4-1 生活中常见相交几何体

（a）消防栓；（b）机床手柄

任务一 水管三通的三维建模

任务引入

图 4-2 为生活中常见的水管三通，将其细节部分简化后，如图 4-3 所示。水管三通是一个典型的相交几何体，由两个圆柱相交而成，并分别在每个圆柱的内部加工出孔。本任务要求创建出水管三通的三维模型。

图 4-2 生活中的水管三通

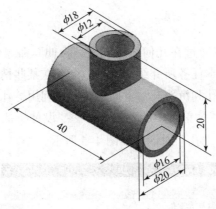

图 4-3　简化后的水管三通模型

学习目标

● **知识目标**

1. 熟悉几何体相交的基本概念。
2. 掌握相交几何体的建模思路。

● **能力目标**

1. 能正确使用孔命令创建模型上的孔。
2. 能创建水管三通以及其他简单相贯体的三维模型。

相关知识

一、相贯体的基本概念

根据相交几何体的不同，我们将其分为平面立体与平面立体相交、平面立体与曲面立体相交和曲面立体与曲面立体相交，如图 4-4 所示。这类相交几何体我们称之为相贯体。

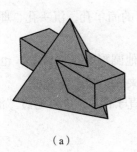
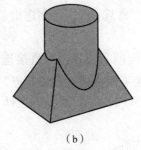
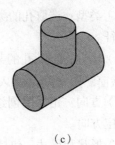

（a）　　　　　　　　（b）　　　　　　　　（c）

图 4-4　立体相交的 3 种情况

（a）平面立体与平面立体相交；（b）平面立体与曲面立体相交；（c）曲面立体与曲面立体相交

二、孔命令

UG NX 12.0中，孔可以通过在几何体中利用"拉伸"命令创建圆柱，然后再与原目标体进行布尔求差创建出来。本任务所介绍的"孔"命令在某些情况下可以更便捷地创建出简单孔，而且还能创建出埋头孔和沉头孔。下面主要介绍利用"孔"命令创建简单孔。

"孔"对话框可通过选择菜单区中的"插入"→"设计特征"→"孔"打开，或直接在功能区单击"孔" 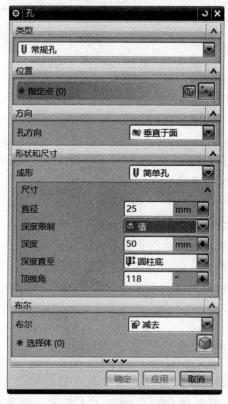 图标。"孔"对话框如图4-5所示。

图 4-5 "孔"对话框

"孔"对话框说明如下。

（1）类型：选取孔的类型为"常规孔"，可创建指定尺寸的简单孔、沉头孔、埋头孔或锥孔特征。

（2）位置：定义孔的某一端面圆心位置，可直接选取其他圆形特征的圆心，也可选择"绘制截面" 图标，进入到草绘平面中通过创建"点" 来确定圆心位置。

（3）方向：定义要创建孔的方向，一般情况下选择"垂直于面"，也可通过"沿矢量"另外选定方向。

（4）形状和尺寸，包括以下内容。

①成形：可创建具有指定尺寸的简单孔、沉头孔、埋头孔和锥孔，选择"简单孔"。

②直径：用于输入直径大小数值。

③深度限制：与"拉伸"命令的深度限制含义一样，控制孔的具体深度。

④深度：在选择"深度限制"为"值"的情况下，直接输入孔的深度数值。

⑤深度直至：选定深度的量取类型，如果孔为有锥角的不通孔，需设置这一项，并将"顶锥角"设置为118°。

（5）布尔：默认为"减去"，并选择目标体。

温馨小提示

　　本任务中只需要学会创建简单孔即可，更多类型的孔创建，在后面的任务中将陆续介绍。

任务实施

　　按图4-3中标注的尺寸创建水管三通的三维模型。水管三通的三维建模步骤如下。

　　（1）创建水平圆柱。选择"拉伸"命令，选定 *YC-ZC* 平面为草绘平面，以草图原点为圆心，绘制直径为 20 mm 的圆，单击以完成草图。设置矢量方向为 *XC* 方向，"限制"中"结束"为"对称值"，在"距离"文本框中输入"20"，即创建出水平圆柱。

水管三通的
三维建模

　　（2）创建直立圆柱。选择"拉伸"命令，选定 *XC-YC* 平面为草绘平面，以草图原点为圆心，绘制直径为 16 mm 的圆，单击以完成草图。设置矢量方向为 *ZC* 方向，拉伸高度为 20 mm。并设置与水平圆柱布尔合并，如图4-6（a）所示。

　　（3）创建水平圆柱中的通孔。选择"孔"命令，将"类型"设置为"常规孔"，将"成形"选择为"简单孔"，在"形状和尺寸"将"直径"设定为"16"，将"深度"选定为"贯通体"，然后移动光标选择水平圆柱端面外圆轮廓，即可选中圆心，作为"位置"指定点，即可生成水平圆柱中的通孔，如图4-6（b）所示。

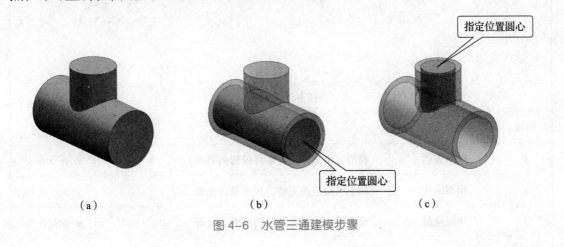

（a）　　　　　　　　　　（b）　　　　　　　　　　（c）

图 4-6　水管三通建模步骤

（4）创建直立圆柱中的孔。选择"孔"命令，将"类型"设置为"常规孔"，将"成形"选择为"简单孔"，在"形状和尺寸"中将"直径"设定为"12"，将"深度"选定为"直至下一个"，然后移动光标选择直立圆柱顶面外圆轮廓，即可选中圆心，作为"位置"指定点，即可生成直立圆柱中的孔，如图4-6（c）所示。

知 识 梳 理 与 任 务 评 价

绘制本任务思维导图

任务评价细则			
序号	评分项目	评分细则	星级评分
1	模型方位	模型方位是否符合零件投影的要求	☆ ☆ ☆ ☆ ☆
2	模型结构	模型结构是否完整，尺寸是否正确	☆ ☆ ☆ ☆ ☆
3	建模思路	模型树中建模思路是否清晰、合理	☆ ☆ ☆ ☆ ☆
总评			☆ ☆ ☆ ☆ ☆

任务二 水管三通的三视图

任务引入

两个几何体相交后，在立体表面会形成新的交线，称之为相贯线。不同的几何体相交，相贯线的形状特征各不相同。本任务着重介绍两圆柱正相贯时相贯线的绘制方法，以及如何绘制和创建出水管三通的三视图。

学习目标

- **知识目标**
1. 掌握相贯线的特性，认识常见回转体相贯线的形状。
2. 掌握两圆柱正交时相贯线的绘制方法。

- **能力目标**
1. 能正确分析两立体相交时相贯线的形状。
2. 能正确绘制两圆柱正交时相贯线的投影。
3. 能正确绘制和创建相贯体的三视图。

 相关知识

一、相贯线的特征

相贯线的形状取决于相交回转体的几何形状和相对位置，其特征如下。

（1）相贯线是两相交立体表面的共有线，也是两立体的分界线。

（2）相贯线上的点是两立体的共有点。

（3）相贯线一般为封闭的空间曲线，特殊情况下可能是平面曲线或直线。

下面介绍几种两回转体正交形成的相贯线形式。

（1）圆柱与圆柱正交。

两圆柱中心轴线相交且垂直称为两圆柱正交，形成的相贯线为空间曲线，且随着两圆柱直径大小的变化而变化，如表4-1所示。

表 4-1　两正交圆柱的相贯线

两圆柱直径比较	$\phi1>\phi2$	$\phi1=\phi2$	$\phi1<\phi2$
立体图			
投影图			

温馨小提示

不同直径的两个圆柱正交时，其相贯线为两段对称、封闭的空间曲线，在投影视图中，相贯线投影的弯曲方向朝向大圆柱的中心线。

（2）圆柱与圆锥（圆台）正交。

圆柱与圆锥（圆台）正交，其相贯线也为封闭的空间曲线，且前后对称，如表4-2所示。

二、相贯线的绘制方法

本书仅介绍利用投影的积聚性和简化画法绘制两正交圆柱相贯线的方法。

相贯线的绘制
方法

表 4-2　圆柱与圆锥（圆台）正交的相贯线

圆柱与圆锥（圆台）直径比较	立体图	投影图
圆柱直径小于相交处圆锥（圆台）直径		
圆柱直径等于相交处圆锥（圆台）直径		
圆柱直径大于相交处圆锥（圆台）直径		

（一）利用投影的积聚性求相贯线

假设两个不等径圆柱正交，求作其相贯线的投影。将该几何体放置在三面投影体系当中，使得水平圆柱的中心轴线垂直于侧面，直立圆弧的中心轴线垂直于水平面。

相贯线为两圆柱的共有线，因此其水平投影积聚在直立圆柱的水平投影的圆周上，而侧面投影积聚在直立圆柱和水平圆柱侧面投影的一段共有圆弧上，如图4-8（a）所示，所以只需要作出相贯线的正面投影。而相交的两圆柱前、后对称，相贯线也前、后对称，所以相贯线前、后部分投影重合。

（1）求特殊点。如图4-7（b）所示，A、C两点为相贯线最左和最右两点，也是相贯线的最高点；A、C点的正面投影是两圆柱正面投影轮廓线的交点，即a′、c′。由此可对应求出水平投影a、c和a″、c″，其中a″和c″重合。B点为相贯线最前方一点，与最后方不可见的D点对称。B、D点的侧面投影为两圆柱侧面投影轮廓线的交点，也是相贯线上的最低点，即b″、d″，水平投影为b、d。由此可对应求出它们的正面投影，即b′、d′。

（2）求中间点。如图4-7（c）所示，在水平投影上任取对称点1、2、3、4，先求出其侧面投影1″、2″、3″、4″，再求出正面投影1′、2′、3′、4′。

（3）按顺序将以上各点用光滑的圆弧连接起来，即可得到相贯线，如图4-7（d）所示。

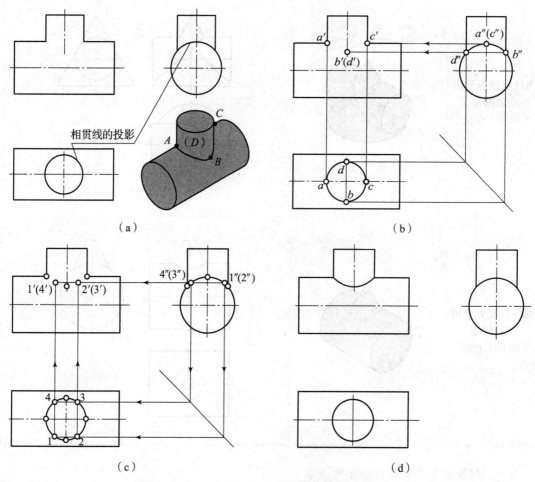

图4-7　作两个不等径圆柱正交时相贯线的投影

（a）相贯线投影分析；（b）求特殊点；（c）求中间点；（d）相贯体三视图

温馨小提示

在利用投影的积聚性求相贯线时，中间点越多，求得的相贯线越准确。

（二）利用简化画法求相贯线

国家标准规定，当两个不等直径的圆柱正交时，为了简化作图，允许采用简化画法作出相贯线的投影，即用圆弧代替非圆曲线。作图方法如图 4-8 所示，以两圆柱矩形轮廓的交点为圆心，大圆柱的半径为半径画圆弧，与小圆柱的轴线（背向大圆柱方向）相交于一点；再以此点为圆心，大圆柱的半径为半径，绘制一段连接两圆柱矩形轮廓交点的圆弧，即为相贯线的简化画法。

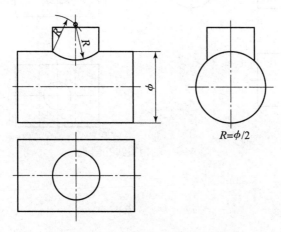

图 4-8　简化画法求正交圆柱相贯线

温馨小提示

当两圆柱的直径相近时，不宜采用简化画法绘制相贯线。

三、内相贯线的画法

当圆柱上钻有孔时，则孔与圆柱外表面或内表面均有相贯线，此种相贯线通常不可见，称为内相贯线。内相贯线和外相贯线的画法相同，但内相贯线的投影因不可见而画成细虚线，如图 4-9 所示。

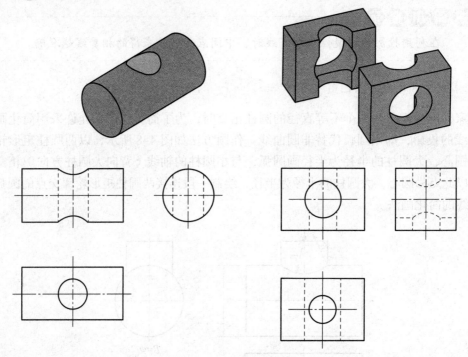

图 4-9　内相贯线的画法

任务实施

一、水管三通的三视图绘制

将水管三通放置在三面投影体系中，使水平圆柱的中心轴线垂直于侧面，直立圆柱的轴线垂直于水平面。水管三通三视图的绘制步骤如下。

（1）绘制中心线，确定三视图位置，如图 4-10（a）所示。

（2）绘制圆柱外表面轮廓线，用简易圆弧法绘制外相贯线，如图 4-10（b）所示。

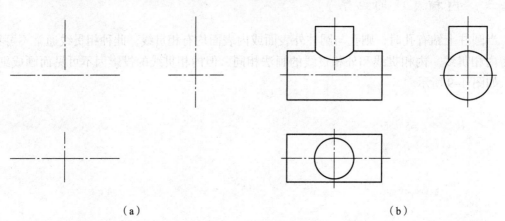

（a）　　　　　　　　　　　　　　　　　　（b）

图 4-10　水管三通三视图的绘制

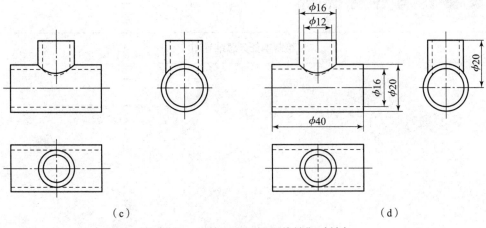

（c）   （d）

图 4-10   水管三通三视图的绘制（续）

（3）绘制圆柱内孔轮廓线和内孔相贯形成的内相贯线，如图 4-10（c）所示。

（4）擦除辅助线，加深轮廓线，如图 4-10（d）所示。

二、水管三通的三视图创建

水管三通模型在 UG NX 12.0 中创建三视图与项目三中创建榔头模型步骤一致，此处不再赘述，水管三通的三视图如图 4-11 所示。

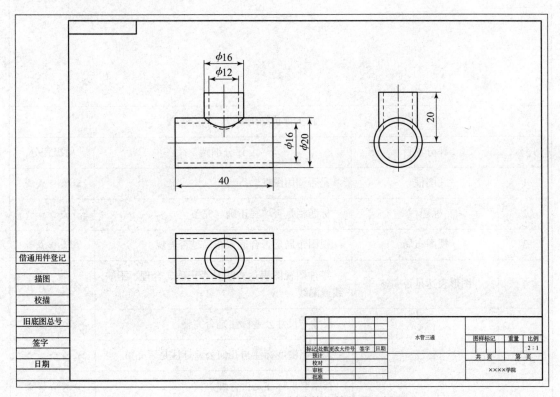

图 4-11   UG NX 12.0 创建的水管三通三视图

知 识 梳 理 与 任 务 评 价

绘制本任务思维导图

		任务评价细则	
序号	评分项目	评分细则	星级评分
1	图框	是否调用图框	☆ ☆ ☆ ☆ ☆
2	标题栏	标题栏是否填写正确、完整	☆ ☆ ☆ ☆ ☆
3	视图布局	视图布局是否合适，布局是否美观	☆ ☆ ☆ ☆ ☆
4	图形表达是否完整	零件图视图表达方法是否正确、合理、不缺线或漏线	☆ ☆ ☆ ☆ ☆
5	标注	尺寸与尺寸公差标注是否完整	☆ ☆ ☆ ☆ ☆
		表面粗糙度标注与几何公差标注是否完整	☆ ☆ ☆ ☆ ☆
		技术要求标注是否合理	☆ ☆ ☆ ☆ ☆
		总评	☆ ☆ ☆ ☆ ☆

拓展提升

　　两回转体相交，一般情况下相贯线为空间曲线，但在特殊情况下，相贯线可为平面曲线或直线。

　　1. 相贯线为平面曲线

　　当两个回转体轴线重合时，相贯线为垂直于轴线的圆，如图 4-12 中的圆柱与球和图 4-13 中的圆锥与球的相贯线。

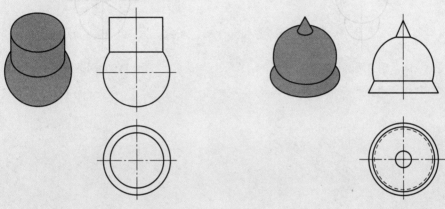

图 4-12　圆柱与球相交　　　　　　　　　　图 4-13　圆锥与球相交

　　当轴线相交的两个回转体公切于同一个球面时，相贯线为平面曲线，即两个相交的椭圆。如图 4-14 所示，圆柱与圆柱相交且直径相等，它们的相贯线为两个椭圆；圆柱与圆锥相交亦如此。

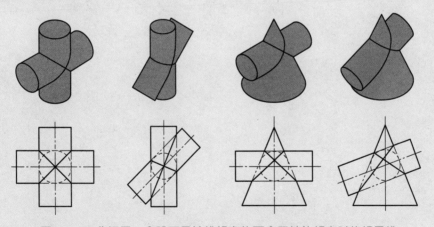

图 4-14　公切于一个球面且轴线相交的两个回转体相交时的相贯线

　　2. 相贯线为直线

　　当相交两圆柱的轴线平行时，圆柱面上的相贯线为直线，如图 4-15 中的两圆柱相交；当两圆锥的顶点重合时，圆锥面上的相贯线也为直线，如图 4-16 中的两圆锥相交。

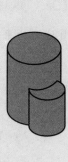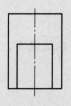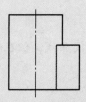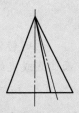

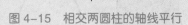

图 4-15　相交两圆柱的轴线平行　　　　图 4-16　两圆锥共顶

项目五　轴承座的建模与制图

在机械产品中，大部分的零件都不是一个简单的基本体，而是由若干基本体经叠加、切割或穿孔等方式组合而成的。如图 5-1 所示的支架，可以分解成底板、支撑板、圆筒和肋板等简单体，而底板是由长方体和半圆柱组合穿孔形成的，支撑板是由长方体和一个切去小半圆柱的长方体叠加形成的。

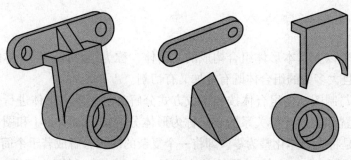

图 5-1　支架的形体分析

任务一　轴承座的三维建模

任务引入

轴承座是由底板、套筒、支撑板和肋板叠加组合而成的，如图 5-2 所示。本任务介绍如何创建组合体的三维模型。

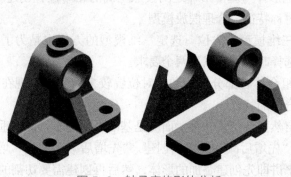

图 5-2　轴承座的形体分析

学习目标

● **知识目标**

1. 掌握组合体的形体分析方法。
2. 掌握组合体的建模思路与注意要点。
3. 掌握筋板命令在组合体创建中的使用。

● **能力目标**

1. 能利用形体分析法正确分析组合体特征。
2. 能正确创建组合体的三维模型。

相关知识

一、组合体的形体分析

由两个或两个以上基本形体组合构成的几何体，称为组合体。组合体的组合形式有叠加、切割两种，且大多数的组合体既有叠加又有切割。

为便于建模与制图，将组合体按照组成方式分解为若干基本形体进行分析，明确它们的形状、相对位置和表面连接关系的方法称为形体分析法，如图 5-1 和图 5-2 所示。形体分析法的实质，是将组合体化整为零，即将一个复杂的问题分解成若干个简单的问题。

形体分析法是解决组合体问题的基本方法，在建模、制图、识图时常常会运用此方法。

二、组合体的建模要点

创建组合体的三维模型时，注意以下几点要求。

（1）应首先对组合体进行形体分析。通过形体分析将组合体拆分成若干基本几何体，注意各基本几何体之间的组合形式和相对位置关系。

（2）选定基准形体，确定组合体在空间中的位置。形体分析后，将其中的一个基本几何体作为基本形体首先创建，轴承座中的底板或水平圆筒都可作为基准形体。基准形体的模型创建出来之后，其他形体与基准形体之间按照正确的相对位置创建。在创建基准形体时，要充分考虑组合体的对称特征，合理摆放模型。

（3）确定组合体三维模型的方位。选定三维模型的方位也是为了确定在创建三视图时的主视图的合理性，选择时应符合以下两个要求：

①一般应把反映组合体各部分形状和相对位置较多的一面呈现在前面，在制图时主视图就能更多地反映组合体的特征；

②符合组合体的自然安放位置，主要面应是基准平面的平行面或垂直面。

（4）建模时遵循"先增后减"的原则创建。"先增后减"即先"增材建模"，后"减材建模"的方法，通俗来讲即先创建叠加的形体，然后再创建需要切割的部分。

三、筋板命令

筋板在许多支架类和箱体类零件中非常常见，主要起到支撑和加强零件的作用。筋板的建模在 UG NX 12.0 软件中有指定的命令"筋板"。

下面以图 5-3 所示的模型为例，说明创建筋板特征的一般操作过程。

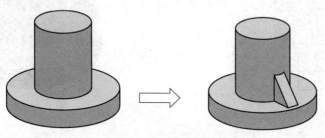

图 5-3 创建筋板

（1）选择命令。选择菜单区"插入"→"设计特征"→"筋板"命令，也可在功能区，单击"筋板" 图标，打开"筋板"对话框，如图 5-4 所示。

图 5-4 "筋板"对话框

"筋板"对话框设置说明如下。

①目标：选择需要创建筋板的几何体。

②表区域驱动：定义筋板特征，需要进入到草绘平面创建筋板草图。

③壁：设置筋板的形成方向是垂直于草绘平面还是平行于草绘平面，以及设置筋板的尺寸和厚度。

（2）定义筋板特征的界面草图。在"筋板"对话框中，单击"绘制截面" 按钮，选择 XZ 平面作为草绘平面，进入草图环境，绘制图 5-5 所示的截面草图，约束后完成草图。

（3）定义筋板的特征参数。选定筋板的生成方向为"平行于剖切平面"，如图 5-6 中箭头方向所示，尺寸设置为"对称"，"厚度"输入筋板的总厚度，单击"确定"按钮。

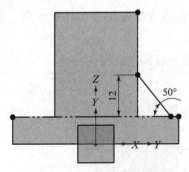

图 5-5　绘制筋板截面

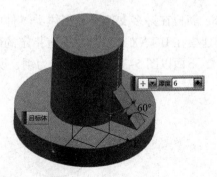

图 5-6　创建筋板模型

 任务实施

轴承座的三维模型创建详细步骤，请扫描右侧的二维码，参考微课视频。完成后的轴承座三维模型如图 5-7 所示。

轴承座的三维
建模

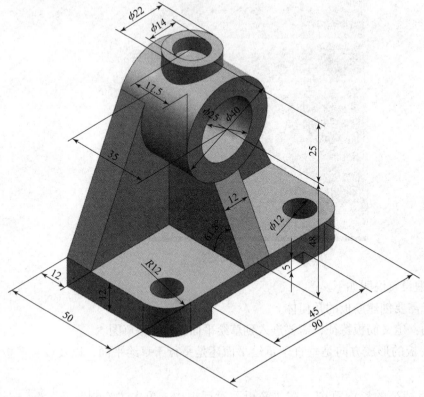

图 5-7　轴承座三维模型

知识梳理与任务评价

绘制本任务思维导图

任务评价细则			
序号	评分项目	评分细则	星级评分
1	模型方位	模型方位是否符合零件投影的要求	☆ ☆ ☆ ☆ ☆
2	模型结构是否正确	模型结构是否完整、尺寸是否正确	☆ ☆ ☆ ☆ ☆
3	建模思路	模型树中建模思路是否清晰、合理	☆ ☆ ☆ ☆ ☆
	总评		☆ ☆ ☆ ☆ ☆

 拓展提升

一、镜像特征

镜像特征功能可以将所选的特征相对于一个部件平面或基准平面（称为镜像中心平面）进行对称复制，从而得到所选特征的一个副本。如图 5-8 中的底板上的 4 个通孔就可以利用"镜像特征"来创建。方法如下。

（1）利用"孔"命令在底板上创建出一个通孔，如图5-9所示。

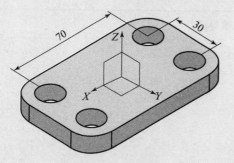

图5-8 底板

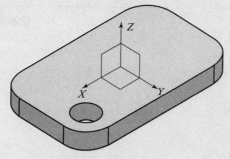

图5-9 创建通孔

（2）选择菜单区"插入"→"关联复制"→"镜像特征"命令，打开"镜像特征"对话框，如图5-10所示。

"镜像特征"对话框设置说明如下。

①要镜像的特征：选择要镜像的特征，本例中选择孔特征。

②镜像平面：可选择"现有平面"，也可创建"新平面"，本例中选择"现有平面"，并在坐标系中选择 *YZ* 平面。

（3）其他设置默认不变，单击"确定"按钮，即可生成一个与原有孔对称的副本。

（4）继续用同样的方法将刚刚创建的两个孔以 *XZ* 平面镜像，便可创建出底板上的另两个通孔，如图5-11所示。

图5-10 "镜像特征"对话框

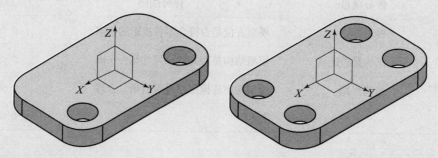

图5-11 镜像命令创建对称孔

二、阵列特征

阵列特征操作就是对特征进行阵列，复制出按一定规律排列的一系列特征。阵列特征里常用的是线性阵列和圆形阵列，下面通过两个例子说明阵列特征的过程。

（一）线性阵列

线性阵列可将所选特征呈直线或矩形排列，图5-8中的底板也可以使用"阵列特征"创建出其他3个孔。

选择菜单区"插入"→"关联复制"→"阵列特征"命令，打开"阵列特征"对话框，如图5-12所示。

"阵列特征"对话框设置说明如下。

（1）要形成阵列的特征：选择底板上创建的孔。

（2）布局：选择"线性"布局。

（3）方向：可选择两个方向进行阵列，即"方向1"和"方向2"，通过"指定矢量"选定阵列方向。若只选一个方向，即为线性阵列，若勾选"使用方向2"，便为矩形阵列。

（4）间距：下拉列表中有3个选项，用于定义各阵列方向的数量与间距（注：数量包含原有的阵列特征）。

①数量与间隔：通过输入阵列的数量和每两个实例的中心距离进行阵列。

②数量与跨距：通过输入阵列的数量和起始两个实例的中心距离进行阵列。

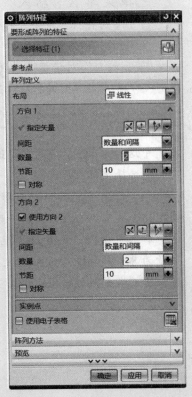

图 5-12　"阵列特征"对话框

③间隔与跨距：通过输入每两个实例的中心距离和起始两个实例的中心距离来阵列，自动计算出阵列数量。

本例中选择 XC 方向为"方向1"，YC 方向为"方向2"，按图5-12所示输入数量与间隔，单击"确定"按钮，也可创建出底板上的另3个通孔。

（二）圆形阵列

圆形阵列可将所选特征按圆形阵列出若干个副本，如图5-13中的圆形底板上，均布有8个圆孔，首先创建其中一个孔，如图5-14所示。

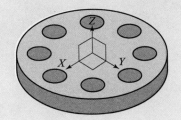

图 5-13　圆形底板

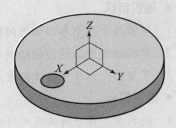

图 5-14　创建通孔

选择菜单区"插入"→"关联复制"→"阵列特征"命令，打开"阵列特征"对话框，如图5-15所示。

"阵列特征"对话框设置说明如下。

（1）要形成阵列的特征：选择创建的孔。

（2）布局：选择"圆形"布局。

（3）旋转轴："指定矢量"选择旋转轴，本例中选择Z轴；"指定点"选择旋转中心，本例中选择坐标系原点。

（4）斜角方向：确定圆形阵列的数量和间距。含义基本与线性阵列一致。

本例中使用"数量与跨距"选项，阵列数量为8，阵列跨角为360°，单击"确定"按钮便可生成圆形阵列的孔。

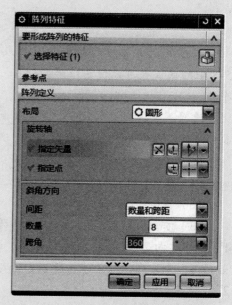

图5-15 "阵列特征"对话框

任务二 轴承座的三视图

任务引入

轴承座是由多个基本几何体通过叠加组合而成的，本任务以轴承座为例介绍如何绘制和创建组合体的三视图，并对三视图进行正确、完整和清晰的尺寸标注。

学习目标

- **知识目标**

1. 理解组合体中各形体之间的连接关系。
2. 掌握组合体三视图的绘制方法与步骤。
3. 掌握组合体尺寸标注的要求和方法。

- **能力目标**

1. 能利用形体分析法正确绘制组合体三视图。
2. 能对组合体三视图进行完整清晰的尺寸标注。
3. 能利用形体分析法识读组合体三视图。

相关知识

一、组合体的三视图绘制

（一）形体间的表面连接关系

通过形体分析，组合体中各基本体形状、大小、位置各不相同，且彼此之间存在着一定的连接关系。常见的表面连接关系可分为共面与不共面、相切与相交。讨论相邻两形体之间的连接关系，有利于分析连接处两形体分界线的投影。

1. 共面与不共面

共面即两个基本体相邻表面平齐地连成一个平面，结合处没有分界线，相应视图中无轮廓线，如图 5-16 所示；不共面即两个基本体相邻表面不平齐，而相互错开，结合处应有分界线，相应视图中应有轮廓线，如图 5-17 所示。

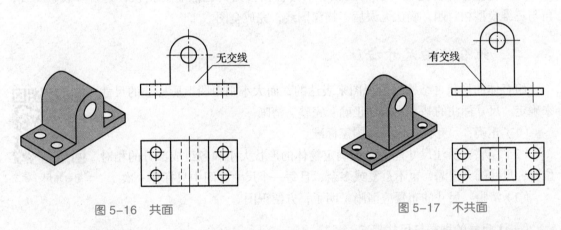

图 5-16 共面　　　　　　　　　　　　　　　　　　图 5-17 不共面

2. 相交与相切

相邻两个形体相交时，会产生各种形状的交线，应在视图的相应位置处画出交线的投影，如图 5-18 所示；相邻两个形体表面相切时，由于在相切处两表面是光滑过渡的，不存在明显的分界线，故规定在相切处不画出分界线的投影，如图 5-19 所示。应注意的是，图 5-19 中底板顶面的正面投影和侧面投影积聚成直线，直线应按投影关系画到切点处。

（二）组合体的三视图绘制

组合体的三视图绘制，一般采用形体分析法将其分解成若干个基本体，然后逐个画出各基本体形体的三视图。具体步骤如下。

（1）对组合体进行形体分析，选择视图。其中，主视图的选择与三维建模时主视图选择一致。

（2）选择比例，确定图幅。根据组合体的大小和复杂程度，选定作图比例和图幅，选择时还要考虑标题栏和尺寸标注时的空间需要。

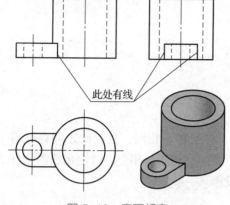

图 5-18　表面相交

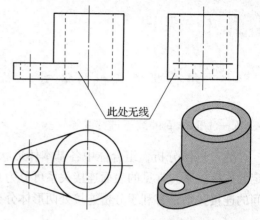

图 5-19　表面相切

（3）绘制底稿。按特征逐个画出各基本体的三视图，先画主要的特征视图，再画另外两个视图，每个基本体的 3 个视图应按投影关系同时画出。

（4）检查描深。重点分析清楚相邻两形体衔接处的画法有无错误，是否多线、漏线，再与三维模型相对照，确认无误后，描深图线，完成全图。

二、组合体的尺寸标注

组合体的形状、结构是由视图来表达的，而大小则由图上所标注的尺寸来确定。尺寸标注的基本要求是正确、完整、清晰。

（1）正确：尺寸标注应符合国家标准。

（2）完整：所注尺寸能唯一地确定物体的形状大小和各组成部分的相对位置，尺寸既无遗漏，也不重复或多余，且每一个尺寸在图中只标注一次。

组合体尺寸标注

（3）清晰：尺寸的布置应清晰、明了，方便识图。

（一）尺寸的种类与尺寸基准

1. 尺寸的种类

（1）定形尺寸：确定组合体各组成部分形状和大小的尺寸，如图 5-20 中底板长度 50、宽度 30、高度 7，圆筒的外圆直径 20、内孔直径 12 等。

（2）定位尺寸：确定组合体各组成部分之间相对位置的尺寸，如图 5-20 中的底板小孔的定位尺寸 40 和 20，圆筒上小孔的位置尺寸 22。

（3）总体尺寸：确定组合体外形大小的总长、总高和总宽的尺寸，如图 5-20 中的总长 50、总宽 30 和总高 27。要注意的是，若组合体在某一方向上存在回转体结构时，则无须直接注出该方向的总体尺寸，如图 5-21 所示，总体尺寸可由孔的定位尺寸 H 加上 R 得到，若再标注总高度则为重复尺寸。

2. 尺寸基准

尺寸基准是确定尺寸位置的几个元素，通俗来讲就是指标注尺寸的起点位置，它可以是点、直线或平面。由于组合体具有长、宽、高 3 个方向，因此每个方向至少应有一个尺寸基准。

114

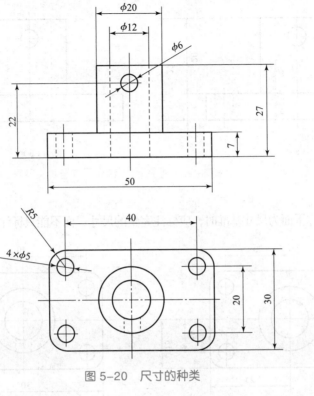

图 5-20 尺寸的种类

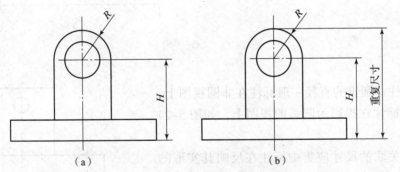

图 5-21 总体尺寸标注

（a）合理；（b）不合理

基准的确定应体现组合体的结构特点，同时还要考虑测量方便，一般选择组合体的对称平面、底面、重要端面或回转体的轴线等。如图 5-20 中的零件，底板的两条中心线分别作为长度和宽度方向的尺寸基准，底板的底面作为高度方向的尺寸基准。

（二）尺寸标注的注意事项

（1）为使图形清晰，尺寸应尽量标注在视图以外。

（2）视图中不应出现封闭尺寸链。如图 5-22（a）所示，底板高度 7，圆筒高度 20，总高为 27，若将这 3 个尺寸同时标出，则形成了封闭尺寸链，这是不合理的。3 个尺寸中有两个确定后，第三个尺寸无须标注，如图 5-22（b）所示。所以，长、宽、高 3 个方向的尺寸都应标注为"开式尺寸"。

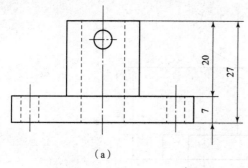
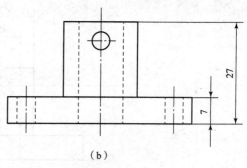

图 5-22　不应出现封闭尺寸链

（a）不合理；（b）合理

（3）当以对称平面为尺寸基准时，应标注完整的尺寸，而不能只标注一半。如图 5-23 所示。

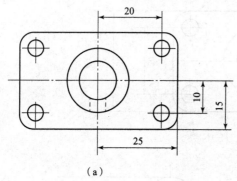
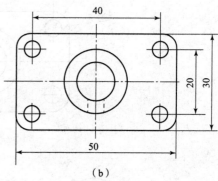

图 5-23　标注完整尺寸

（a）不合理；（b）合理

（4）圆柱、圆锥的直径一般标注在非圆视图上，圆弧半径应标注在投影为圆弧的视图上，如图 5-24 所示。

（5）有关联的尺寸应集中标注在反映其实形的视图上，而不要分散标注在各个视图上，如图 5-25 所示。

（三）尺寸标注的步骤

（1）形体分析。对几何体进行形体分析，将其拆分成若干个基本体。

（2）选择基准。标注尺寸时，应先选择尺寸基准，包括长、宽和高 3 个方向的尺寸基准。

（3）标注尺寸。先标注各基本形体的定形尺寸，再标注各形体的定位尺寸，最后标注总体尺寸。

（4）检查完善。核对、检查尺寸是否标注完整。

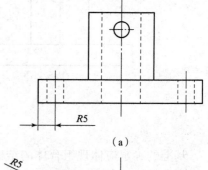

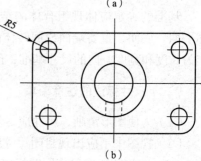

图 5-24　半径标注在投影为
圆弧的视图上

（a）不合理；（b）合理

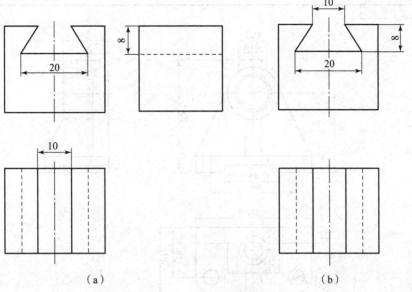

（a）　　　　　　　　　　　　　　　　　（b）

图 5-25　集中标注有关联的尺寸

（a）不合理；（b）合理

温馨小提示

标注组合体尺寸，通过形体分析，按每个形体的定形和定位来标注，不易漏掉尺寸。

任务实施 >>>

一、轴承座的三视图绘制

轴承座的三视图绘制步骤如下。

（1）对轴承座进行形体分析。

（2）选择主视图，确定视图数量。主视图与任务一中模型前视图的方向一致，画出主、俯、左 3 个视图。

（3）选择比例，确定图幅。采用 1:1 的原值比例，在 A3 的图纸上绘制轴承座的三视图。

绘制三视图的详细步骤可扫描右侧二维码观看微课视频。

组合体三视图
绘制

二、轴承座的三视图创建

轴承座三视图创建与榔头三视图创建步骤一致，此处不再赘述。在 UG NX 12.0 中创建出来的轴承座三视图如图 5-26 所示。

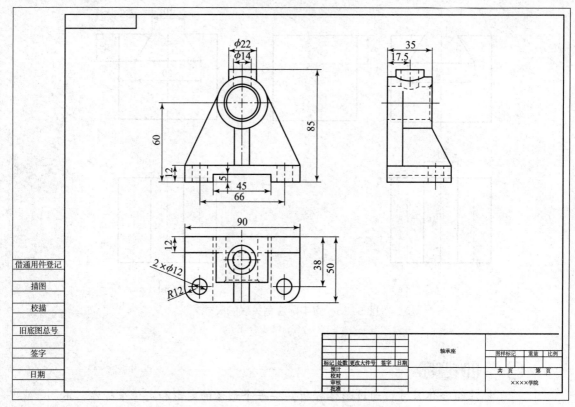

图 5-26　UG NX 12.0 创建的轴承座三视图

知 识 梳 理 与 任 务 评 价

绘制本任务思维导图

续表

序号	评分项目	评分细则	星级评分
		任务评价细则	
1	图框	是否调用图框	☆☆☆☆☆
2	标题栏	标题栏是否填写正确、完整	☆☆☆☆☆
3	视图布局	视图布局是否合适，布局是否美观	☆☆☆☆☆
4	图形表达	零件图视图表达方法是否正确、合理、不缺线或漏线	☆☆☆☆☆
5	标注	尺寸与尺寸公差标注是否完整	☆☆☆☆☆
		表面粗糙度标注与几何公差标注是否完整	☆☆☆☆☆
		技术要求标注是否合理	☆☆☆☆☆
	总评		☆☆☆☆☆

 拓展提升

绘制组合体的三视图是由三维模型转二维图形的过程，比较直观，容易理解；而读图是根据物体的视图，想象出被表达物体的原型，是画图的一个逆向过程。

（一）读图的基本要领

1. 熟练掌握基本体的形体表达特征

对组成组合体的基本体（如长方体、圆柱、圆锥、棱锥等）的投影特征要非常熟悉。

2. 读图时将几个视图联系起来识读

读一个视图不能完全确定几何体的形状，甚至读两个视图也不能完全确定几何体的形状，因此看图时要把几个视图联系起来看，才能想象出几何体的真实形状，如图5-27所示。

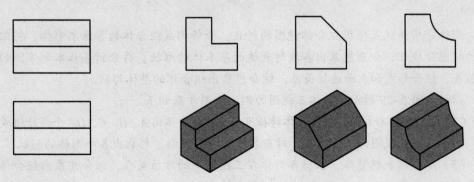

图 5-27 几个视图联系起来读图

3. 理解视图上图线和线框的含义

（1）视图上的每一条图线（粗实线或细虚线）可能代表两表面的交线（如图5-28中的轮廓线 n），或曲面体的轮廓线（如图5-28中的轮廓线 m），或投影面垂直面的积聚投影（如图5-28中的轮廓线 k）。

（2）视图上的一个封闭线框可能代表几何体上一个表面（如图5-28中的线框1、2和6），或一个孔（如图5-28中的线框4）。

（3）视图上两个相邻的封闭线框，一般情况下表示几何体上位置不同的表面（如图5-28中的线框5和线框6）。

（4）视图上的大线框中有小线框，表示物体表面有通孔、凹槽或凸台（如图5-28中的线框3和线框4）。

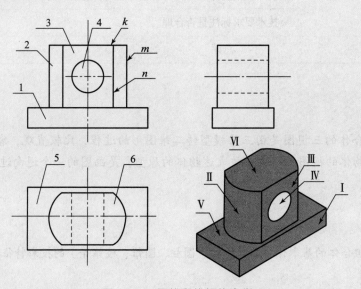

图 5-28　图线和线框的含义

（二）读图的基本方法

1. 形体分析法

形体分析法就是根据组合体视图的特点，分析构成组合体的各基本形体，将组合体的视图分块化，分别想象出各块所表达的基本体的形状。再分析各基本形体间的相对位置、组合形式和表面连接关系，综合想象出组合体的整体形状。

以识读图5-29所示组合体三视图为例，看图步骤如下。

（1）通过形体分析法，按基本体特征可确定该组合体由A、B、C、D 4个部分组成。

（2）根据三视图的投影特性，对应各个特征的投影，想象出各个形体的形状。

（3）综合起来想整体，根据各形体在三视图中的方位关系，综合想象出组合体的整体形状，如图5-29（f）所示。

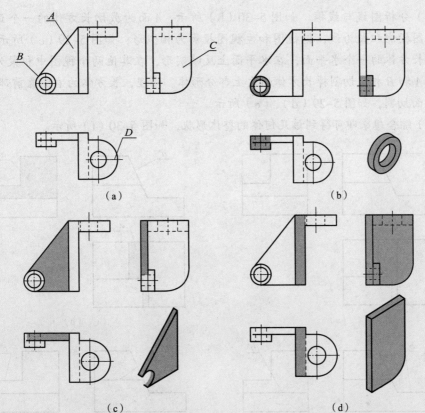

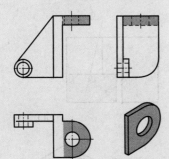

图 5-29 形体分析法识读三视图

2. 线面分析法

形体分析法在叠加型的组合体视图分析中比较常用，但对于一些复杂形体，尤其是切割型的组合体，则需要应用线面分析法来读图。线面分析法就是通过识别线、面等几何要素的空间位置、形状，进而想象出物体的形状。

以识读图 5-30 所示组合体三视图为例，看图步骤如下。

（1）补齐视图，确定切割型组合体原型。如图 5-30（a）所示，补齐后确定该几何体原型为长方体。

121

（2）分析图线与线框。如图5-30（b）所示，A面为截切长方体的一个正垂面，在主视图投影积聚为线，俯视图和左视图投影为相似形；如图5-29（c）所示，B面为截切长方体的一个水平面，在水平面上反映实形，在其他两个视图中积聚为直线。截平面A和B相交切割掉长方体的左上部分形体。同理，长方体的右侧靠前部分被C面和D面切割，如图5-29（d）、（e）所示。

（3）综合想象即可得到该几何体的整体形状，如图5-30（f）所示。

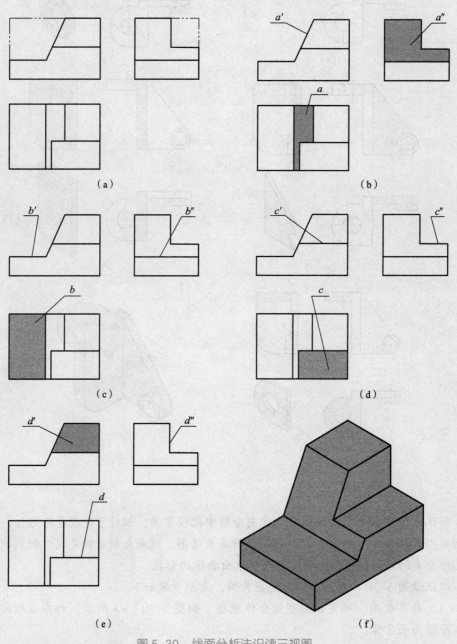

图 5-30　线面分析法识读三视图

项目六 齿轮泵零件的建模与制图

在生产实际中，零件的结构形状是多种多样的，根据使用需要，还有诸如材料、加工制造等很多其他方面的技术要求，仅用三视图远远不能将零件的结构表达清楚。为此，国家标准《技术制图》和《机械制图》中规定了一系列零件表达的相关要求。本项目将以图 6-1 所示的齿轮泵为载体，通过完成齿轮泵中多个典型零件的三维建模与零件图创建，介绍机械零件的表达方法，以及软件建模与制图技巧。

图 6-1 齿轮泵三维模型

任务一 左泵盖的三维建模与零件图创建

任务引入

左泵盖是齿轮泵的主要零件，主要起支撑和密封作用，是典型的盘类零件。

齿轮泵中常见的盘类零件还有端盖、阀盖、齿轮、法兰盘等。这类零件的结构形状比较复杂，一般为回转体或其他几何形状扁平的盘状体，通常还带均布的孔、槽、肋、轮辐等局部结构，如图 6-2 所示。

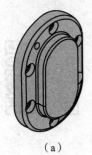 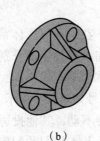   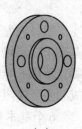

（a） （b） （c） （d） （e）

图 6-2 典型盘类零件

（a）左泵盖；（b）端盖；（c）阀盖；（d）齿轮；（e）法兰盘

123

左泵盖内部有两个轴线平行、大小相等的支承孔，外形为长圆形，沿周围分布有 6 个带有沉孔的螺钉孔和两个定位用的圆柱销孔，用于连接泵体。本任务介绍图 6-3 所示左泵盖的三维建模和零件图创建，以及相关基础知识。

图 6-3　左泵盖三维模型

● 知识目标

1. 掌握零件图的作用与内容。
2. 掌握基本视图、向视图与全剖视图的表达方法。
3. 掌握公差与配合、几何公差和表面粗糙度的相关知识。

● 能力目标

1. 能在软件中创建基本视图、向视图和全剖视图表达零件。
2. 能在图样中正确标注尺寸与几何公差、表面粗糙度。
3. 能创建出左泵盖的三维模型与零件图。
4. 能识读零件图中的技术要求。

相关知识

一、零件图的作用与内容

零件图是生产加工过程中的重要技术文件之一。图 6-4 为输出轴端盖的零件图，包含的主要内容有一组视图、尺寸标注、公差和表面粗糙度、技术要求和标题栏等。

二、基本视图、向视图和剖视图表达方法与创建技巧

（一）基本视图与向视图（GB/T 14692—2008）

1. 基本视图

机件向基本投影面投射所得到的视图称为基本视图。在三面投影体系的基础上，再增加 3 个投影面，即将物体置于六面体中，向 6 个投影面分别投影，形成 6 个视图，如图 6-5 所示。正六面体的 6 个面称为基本投影面，形成的 6 个视图称为基本视图。具体的投射方向、名称和代号如表 6-1 所示。

6 个基本视图展开的方法如图 6-6 所示，即正面保持不动，其他投影面按箭头所示方向旋转到与正面共处于同一个平面的位置。基本视图的配置如图 6-7 所示，一律不需要标注图名。6 个基本视图仍然符合"长对正、高平齐、宽相等"的投影规律。

基本视图与向视图

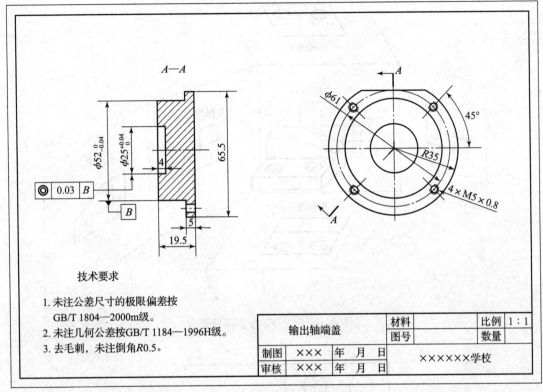

技术要求

1. 未注公差尺寸的极限偏差按
   GB/T 1804—2000m级。
2. 未注几何公差按GB/T 1184—1996H级。
3. 去毛刺，未注倒角R0.5。

输出轴端盖			材料		比例	1:1
			图号		数量	
制图	×××	年　月　日	××××××学校			
审核	×××	年　月　日				

图6-4　输出轴端盖零件图

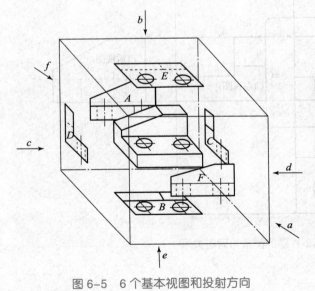

图6-5　6个基本视图和投射方向

表6-1　6个基本视图与方向代号

基本视图名称	方向代号	投射方向
主视图	A	从前向后投射所得的视图
俯视图	B	从上向下投射所得的视图
左视图	C	从左向右投射所得的视图
右视图	D	从右向左投射所得的视图
仰视图	E	从下向上投射所得的视图
后视图	F	从后向前投射所得的视图

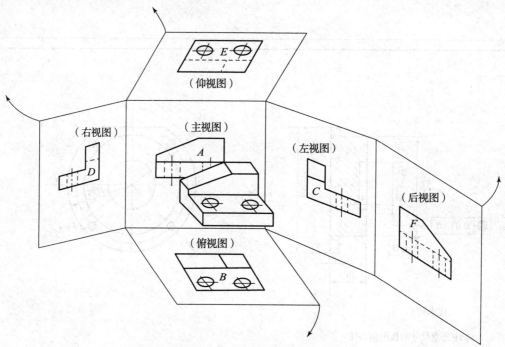

图6-6　6个基本投影面展开

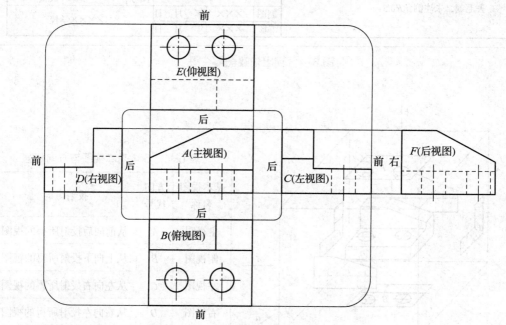

图6-7　6个基本视图的配置与对应关系

温馨小提示

　　零件表达时一般不需要将6个基本视图全部绘出，而是根据物体的结构特点和复杂程度，选择适当的基本视图表达。优先采用主、俯、左视图。

2. 向视图

在实际绘图中，基本视图的配置方位是固定的，有时会造成图幅空间的利用不合理，为解决这一问题，国家标准规定了一种可以自由配置的视图，即向视图。通俗来说，向视图就是可自由配置的基本视图，与基本视图不同之处是在向视图上方需要标注视图名称"X"（X 为大写拉丁字母），在相应视图的附近用箭头指明投射方向，并标注相同的字母，如图 6-8 所示。

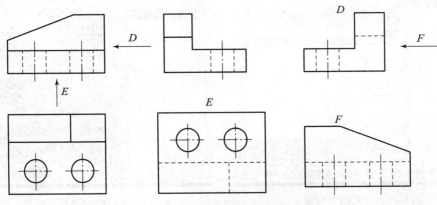

图 6-8　向视图的配置与标注

为了便于看图，表示投射方向的箭头应尽可能地配置在主视图上。

3. 创建技巧

1）利用"视图创建向导"工具创建基本视图

使用"视图创建向导"工具可以快速创建出零件的多个基本视图。通常当创建好"图纸页"后，"视图创建向导"对话框会自动弹出，如图 6-9 所示。具体设置说明如下。

（1）部件：此选项中选择需要创建视图的模型即可，选择完毕后，单击"下一步"按钮。

（2）选项：用于设置视图显示选项，这里采用图 6-10 所示的参数设置，单击"下一步"按钮。

图 6-9　"视图创建向导"对话框

图 6-10　"选项"设置

3）方向：指定父视图，父视图即先确定的视图，其他视图均是在父视图的基础上产生的。如图 6-11 所示，选择"前视图"为父视图，单击"下一步"。

4）布局：定义视图布局。在布局中选择需要生成的基本视图，若选中 6 个基本视图，则单击"完成"按钮时可同时创建出来，如图 6-12 所示。

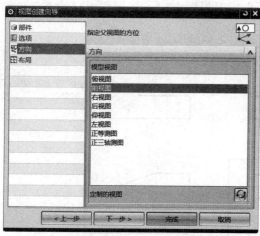
图 6-11 "方向"设置

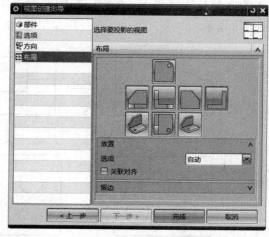
图 6-12 "布局"设置

2）利用"基本视图"工具创建基本视图

在 UG NX 12.0 制图模块创建基本视图，可直接选择"基本视图"工具创建，创建步骤如下。

（1）创建主视图（UG NX 12.0 中为前视图）。

（2）以主视图为父视图，生成俯、左、右、仰4 个视图。

（3）以左视图为父视图，创建左视图的投影视图，往右生成后视图。

3）向视图创建

（1）创建出基本视图之后，选中每个视图外围的边界，可将视图自由拖动到任意位置，然后使用"注释"命令为向视图创建标注。

（2）选择菜单区"插入"→"注释"，或直接单击工具区的"注释" A 图标，打开"注释"对话框，如图 6-13 所示。

"注释"对话框的常用设置说明如下。

①指定位置：通常通过单击的方式，在图样中创建文本。

②文本输入：输入文本并对文本进行编辑。在空白部分输入文本，在"编辑文本"区域编辑文本，常用符号可直接在"符号"中选择。

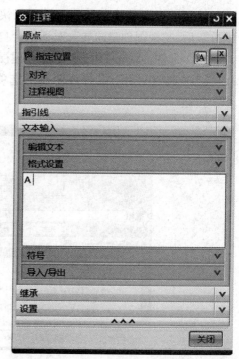
图 6-13 "注释"对话框

③设置：可设置文本的"斜体角度""粗体宽度""对齐方式"等。

④创建方法：创建无指引线的注释文本，直接在图纸上单击某个位置即可。

创建带有指引线的注释文本，先在"注释"对话框的"指引线"区域中单击"选择终止对象"，在图纸上选择箭头指向位置1，拖动光标，此时会出现指引线，然后单击位置2放置注释文本。

（二）剖视图

当机件内部结构比较复杂时，视图上就会出现较多的虚线，这些虚线与外部轮廓线交叠在一起会影响图面清晰，也为读图与标注尺寸带来很大的不便。因此，对机件不可见的内部结构形状，经常采用剖视图来表达。剖视图包括全剖视图、半剖视图和局部剖视图，本书主要介绍全剖视图的画法与创建。

1. 剖视图的定义、画法和标注

1）剖视图的定义

全剖视图 1

假想用剖切面剖开物体，将处于观察者和剖切面之间的部分移去，而将其余部分向投影面投射所得到的图形称为剖视图，如图6-14所示，可简称剖视。全剖视图即用剖切面完全地剖开物体所得到的剖视图。

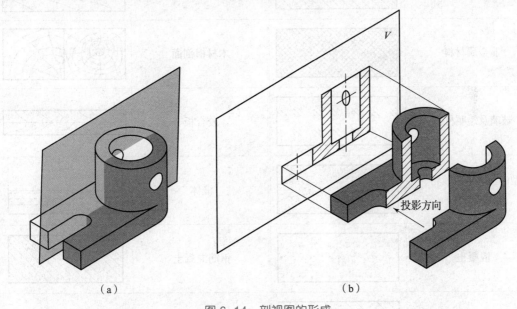

（a）　　　　　　　　　　　　（b）

图 6-14　剖视图的形成

（a）假想用剖切平面剖开机件；（b）剖开后的投影

2）剖视图的画法

如图6-15所示，通过机件的视图与剖视图比较可以看出，绘制剖视图时不仅要画出剖切面与机件实体接触部分（即断面）的投影，而且还要画出剖切面与投影面之间未移去部分的所有可见轮廓。

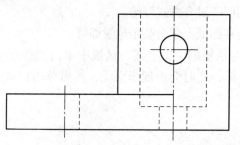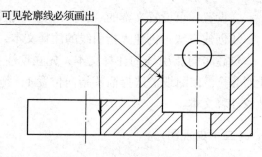

可见轮廓线必须画出

图6-15 视图与剖视图的比较

为了区分剖切之后形成的断面和原机件表面，将剖切面与物体的接触部分称为剖面区域，在剖面区域上画出剖面符号，以示区别。GB/T 4457.5—2013《机械制图 剖面区域的表示法》中规定了各种材料的剖面符号的画法，如表6-2所示。

表6-2 材料的剖面符号

材料名称	剖面符号	材料名称	剖面符号
金属材料		木材纵剖面	
非金属材料		木材横剖面	
玻璃及透明材料		胶合板	
型砂、陶瓷、砂轮、硬质合金等		液体	
混凝土		钢筋混凝土	
砖		格网	
绕圈绕组元件		转子、变压器	

注：1. 剖面符号仅表示材料的类别，材料的名称和代号必须另行注明；
2. 液面用细实线绘制。

130

金属材料的剖面符号（也称剖面线）规定画成间隔相等、方向相同，且与图形主要轮廓线或对称面方向成45°的平行细实线，向左或向右倾斜均可，如图6-16所示。在同一张图样中，同一金属零件在各个剖视图中的所有剖面线应该相同，其倾斜方向和间隔保持一致。

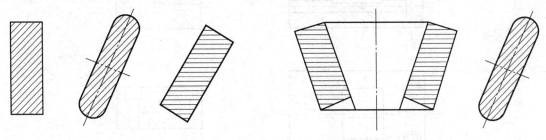

图6-16　金属材料剖面符号画法

当图形中的主要轮廓线与水平方向呈45°时，该图形的剖面线应画成与水平呈30°或60°的平行线，其倾斜方向仍与其他图形的剖面线一致，如图6-17所示。

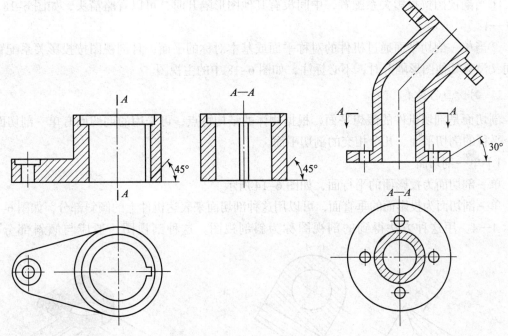

图6-17　剖面线的画法

3）剖视图的标注

为了便于读图，在剖视图上通常要标注剖切符号、箭头和剖视图名称3项内容。

（1）剖切符号：表示剖切面的位置，用粗实线画出，长度约5 mm，在剖切面的起、迄及转折处表示，并尽可能不与图形的轮廓线相交。

（2）箭头：表示投射方向，画在剖切符号的两端，且应与剖切符号垂直。

（3）剖视图名称：在剖视图的正上方用大写字母标出剖视图名称"X—X"，并在剖切符号的两端和转折处注上相同的字母。

完整标注如图6-18中的B—B。

全剖视图2

131

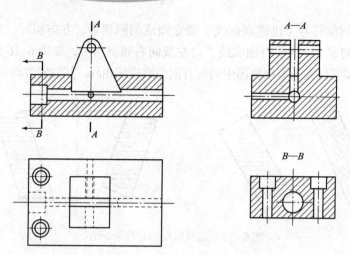

图 6-18　剖面线完整标注

在下列情况下，剖视图可以简化或省略标注：

①当剖视图按投影关系配置，中间没有其他图形隔开时，可以省略箭头，如图 6-18 中的 A—A；

②当单一剖切平面通过机件的对称平面或基本对称的平面，且剖视图按投影关系配置，中间又没有其他图形隔开时，不必标注，如图 6-18 中的主视图。

2. 剖切面的种类

剖切面是剖切机件的假想平面，根据物体的结构特点，可采用的剖切面有单一剖切面、几个平行的剖切平面、几个相交的剖切平面。

1）单一剖切面

单一剖切面为投影面的平行面，如图 6-14 所示。

单一剖切面为投影面的垂直面，可以用这种剖切面来表达机件上的倾斜部分，如图 6-19 所示 A—A。用这种方法得到的剖视图称为斜剖视图。这种剖视图一般应与倾斜部分保

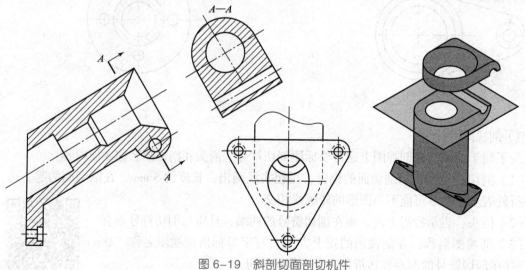

图 6-19　斜剖切面剖切机件

持投影关系，但也可配置在其他位置。为了合理利用图纸，也可将图形摆正画出，但必须标注旋转符号。

单一剖切面可以用柱面，但所画的剖视图需展开绘制，如图6-20所示。

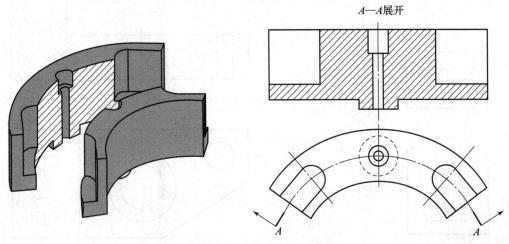

图6-20 单一剖切面为柱面

2）几个平行的剖切面

当机件上有较多的内部结构需要表达，但其轴线又不在同一个平面上时，可采用几个平行的剖切平面剖切，这种剖切方法也称为阶梯剖。如图6-21所示，剖视图A—A是由3个相互平行的剖切面剖切后形成的全剖视图。

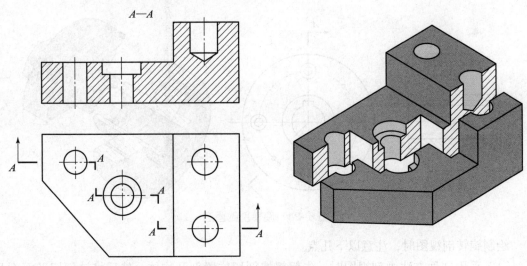

图6-21 阶梯剖的画法

绘制阶梯剖视图时，注意以下几点。

（1）阶梯剖视图必须标注，标注方法如图6-22所示，但应注意，剖切符号在转折处不允许与图上的轮廓线重合；在转折处有限，且不致引起误解时，可以不注字母。

（2）不允许出现物体的不完整要素，只有当两个要素在剖视图中具有公共轴线时，才能各画一半，如图 6-23 所示。

（3）不应在剖视图中画出各剖切平面的分界线，如图 6-23 所示。

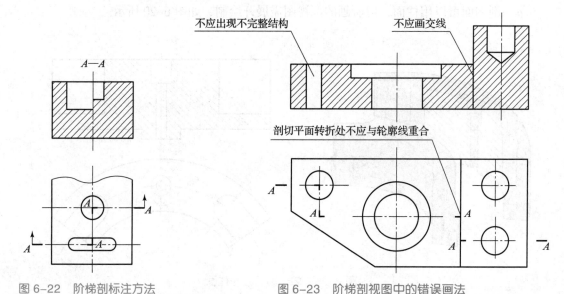

图 6-22　阶梯剖标注方法　　　　图 6-23　阶梯剖视图中的错误画法

3）几个相交的剖切面

当机件的内部结构形状用一个剖切平面不能表达完全，且该机件在整体上又具有回转轴时，可用两个相交的剖切平面剖开，这种剖切方法称为旋转剖。图 6-24 中的主视图即为旋转剖切后形成的全剖视图。

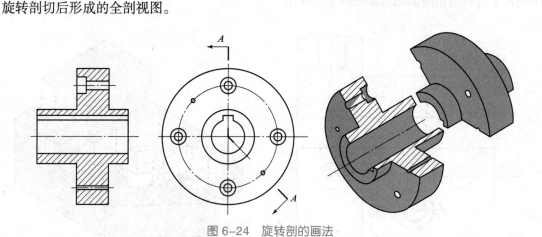

图 6-24　旋转剖的画法

绘制旋转剖视图时，注意以下几点。

（1）采用这种方法画剖视图时，先假想按剖切位置剖开物体，然后将被剖切平面剖开的结构及其有关部分旋转到与选定的投影面平行，再进行投射，如图 6-25 所示。

（2）旋转剖视图必须标注剖切位置，在它的起、迄和转折处标注字母"X"，在剖切符号两端画出表示剖切后的投射方向的箭头，并在剖视图上方注明剖视图的名称"X—X"；但当转折位置有限且不致引起误解时，允许省略标注转折处的字母，如图 6-25 中转折处的字母 A 可省略。

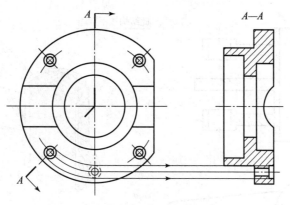

图 6-25　旋转剖切时先旋转再投影

（3）处在剖切平面后面的其他结构要素，一般仍按原来的位置画出它的投影。如图 6-26 所示，俯视图中小孔的投影仍按原来的位置画出。

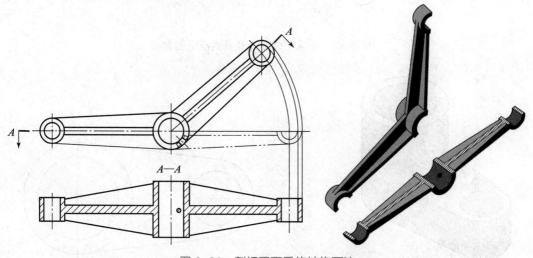

图 6-26　剖切平面后的结构画法

（4）当剖切后物体产生不完整要素时，应将此部分按不剖绘制，如图 6-27 中物体中间的臂，仍按不剖时的投影画出。

3. 创建技巧

1）创建全剖视图

以图 6-28 所示模型为例创建剖视图，具体步骤如下。

（1）首先创建剖视图的父视图，在此模型中希望将主视图剖开表示，可先创建俯视图或左视图，如图 6-29 所示。

（2）选择命令。直接右击俯视图，选择"剖视图"命令；或选择菜单区"插入"→"视图"→"剖视图"命令；或单击功能区"视图"→"剖视图" ▨ 按钮，打开"剖视图"对话框，如图 6-30 所示。

（3）定义剖切方法。在"截面线"区域的"方法"下拉列表中选择"简单剖 / 阶梯剖"选项。

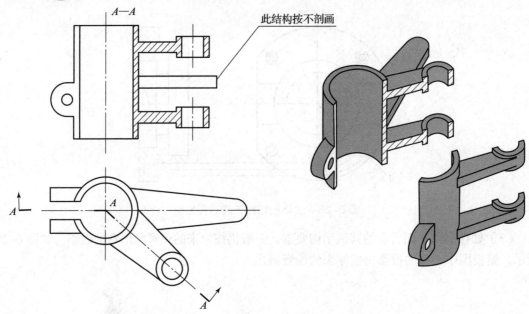

图 6-27　剖切后的不完整要素按不剖画

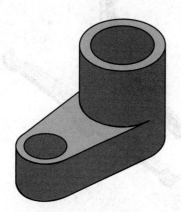

图 6-28　零件模型

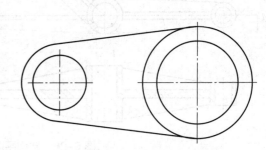

图 6-29　创建父视图

（4）　选择剖切位置。在父视图中单击选择剖切位置，可选择圆心捕捉。

（5）　放置剖视图。根据剖视图的投射方向，单击放置剖视图，然后按〈ESC〉键结束，完成全剖视图的创建。结果如图 6-31 所示。

2）创建阶梯剖视图

以图 6-32 所示模型为例创建阶梯剖视图，具体步骤如下。

（1）选择"剖视图"命令，定义剖切方法为"简单剖 / 阶梯剖"。

（2）选择剖切位置。在父视图中选择阶梯剖切的起点位置，将光标移至对话框中，继续选择"截面线段"下的"指定位置"，再回到父视图中依次选择剖切线的转折和结束位置。

（3）放置剖视图。在对话框中选中"视图原点"下的"指定位置"，然后根据剖视图的投射方向，单击放置剖视图，然后按〈ESC〉键结束，完成全剖视图的创建。结果如图6-33 所示。

图 6-30　"剖视图"对话框

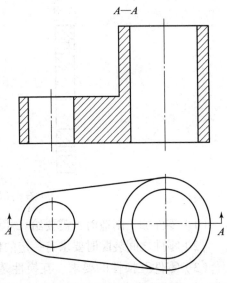

图 6-31　完成的全剖视图

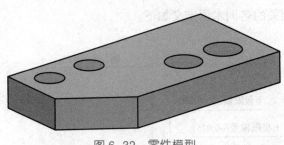

图 6-32　零件模型

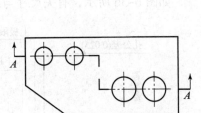

图 6-33　完成的阶梯剖视图

3）创建旋转剖视图

以图 6-34 所示模型为例创建阶梯剖视图，具体步骤如下。

（1）选择"剖视图"命令，定义剖切方法为"旋转"。

（2）选择剖切位置。在父视图中选择旋转剖切线的旋转中心，然后依次指定第一条剖切线和第二条剖切线。

（3）放置剖视图。根据剖视图的投射方向，单击放置剖视图，然后按〈ESC〉键结束，完成全剖视图的创建。结果如图 6-35 所示。

三、公差与配合及标注技巧

公差与配合是尺寸标注中的一项重要技术要求，在设计时选择合适的公差与配合主要有以下原因。

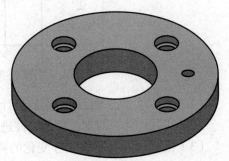

图 6-34　零件模型

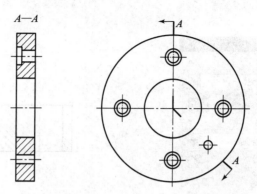

图 6-35　完成的旋转剖视图

（1）零件加工制造时，需要给尺寸一个允许变动的范围。

（2）零件之间装配时要求有一定的松紧配合。

（3）零件互换性的要求。互换性是指在同一规格的一批零件或部件中，任取其一，不需要进行任何挑选或附加修配就能使用，且达到规定的性能要求。

尺寸公差

（一）尺寸及尺寸公差

如图 6-36 所示，有关尺寸与尺寸公差相关的名词术语定义如下。

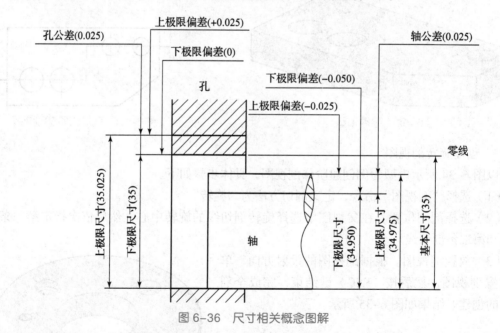

图 6-36　尺寸相关概念图解

（1）公称尺寸：设计时给定的设计尺寸，是由图样规范确定的理想形状要素的尺寸。

（2）实际尺寸：对加工后的零件进行实际测量后所得的尺寸。

（3）极限尺寸：零件尺寸变化的两个极限值。二者中较大的称为上极限尺寸，较小的称为下极限尺寸。

（4）极限偏差：极限尺寸与公称尺寸之间的差值，有上极限偏差和下极限偏差之分，其数值可以是正值、负值或零。

$$上极限偏差 = 上极限尺寸 - 公称尺寸$$
$$下极限偏差 = 下极限尺寸 - 公称尺寸$$

国家标准规定，孔的上、下极限偏差代号分别用大写字母 ES、EI 表示；轴的上、下极限偏差代号分别用小写字母 es、ei 表示。

（5）尺寸公差：简称公差，是上极限尺寸与下极限尺寸之差，也可以是上极限偏差与下极限偏差之差。它是允许尺寸的变动量，是一个绝对值。

（二）尺寸公差带

在公差分析中，常把公称尺寸、极限偏差及尺寸公差之间的关系简化成公差带图，如图 6-37 所示。尺寸公差带即尺寸的允许变动范围的图解形式，其中表示公称尺寸的一条直线称为零线。公差带的大小和相对零线的位置都是由国家标准中的标准公差和基本偏差来决定的。

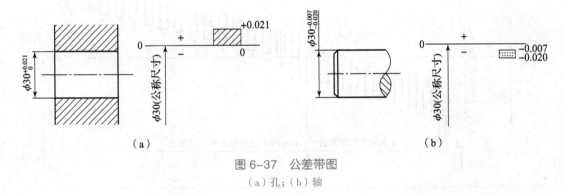

图 6-37 公差带图

（a）孔；（b）轴

1. 标准公差

公差带的大小由标准公差来确定。标准公差分为 20 个等级，即 IT01、IT0、IT1、IT2、IT3、…、IT18。IT 代表标准公差，数字代表公差等级。IT01 公差值最小，精度最高；IT18 公差值最大，精度最低。标准公差数值可由附表 C-5 查得。

2. 基本偏差

公差带相对零线的位置由基本偏差来确定。基本偏差通常是指靠近零线的那个极限偏差，它可以是上极限偏差或下极限偏差。国家标准分别对孔和轴规定了 28 种基本偏差，如图 6-38 所示。

其中，孔的基本偏差，A~H 为下极限偏差（EI），K~ZC 为上极限偏差（ES）；轴的基本偏差，a~h 为上极限偏差（es），k~zc 为下极限偏差（ei）；基本偏差 JS 和 js 是标准公差带，对称分布于零线的两侧。具体的基本偏差数值可由附表 C-1~ 附表 C-4 查得。

基本偏差带图中的公差带一端开口，是因为基本偏差系列只表示公差带的位置，不表示公差带的大小。

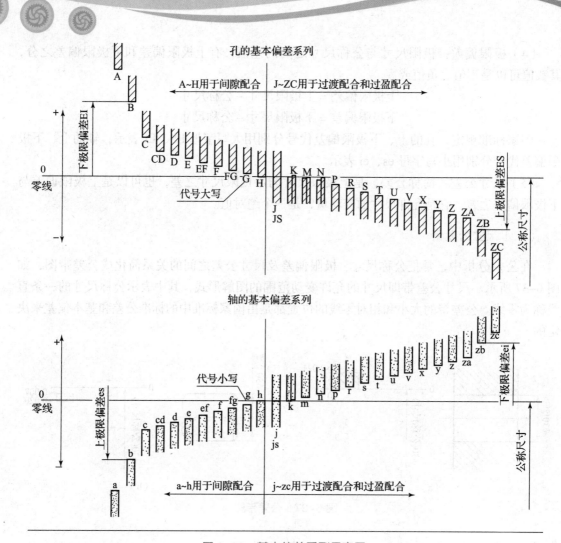

图 6-38　基本偏差系列示意图

3. 公差带代号

公差带代号由基本偏差的字母和公差等级数字组成。例如，H6 为孔的公差带代号，基本偏差代号为 H，标准公差等级为 IT6；h7 为轴的公差带代号，基本偏差代号为 h，标准公差等级为 IT7。

【例 6-1】　说明 ϕ30H8 的含义，并查出对应的偏差值。

解：ϕ30H8 表示公称直径为 30，基本偏差代号为 H，标准公差等级为 IT8 的孔。

由附表 C-1 可查得：下极限偏差 EI=0。由附表 C-5 查得：公差值为 +33 μm。根据偏差与公差的关系，可求得上极限偏差 ES=0+33 μm=+33 μm。

（三）配合

1. 配合的种类

配合是指公称尺寸相同，相互结合的孔和轴的一种关系。根据孔和轴的公差带关系，配合分为间隙配合、过盈配合和过渡配合 3 种类型。

尺寸公差

（1）间隙配合：孔与轴装配时，具有间隙的配合，包括最小间隙等于零的配合。孔的公差带在轴的公差带之上，如图 6-39 所示。

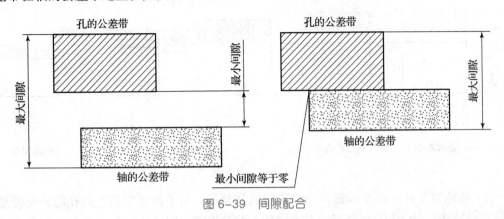

图 6-39 间隙配合

（2）过盈配合：孔和轴装配时，具有过盈的配合。轴的公差带在孔的公差带之上，如图 6-40 所示。

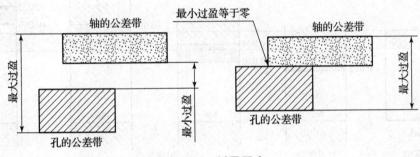

图 6-40 过盈配合

（3）过渡配合：孔和轴装配时，可能具有间隙或过盈的配合。轴的公差带与孔的公差带相互交叠，如图 6-41 所示。

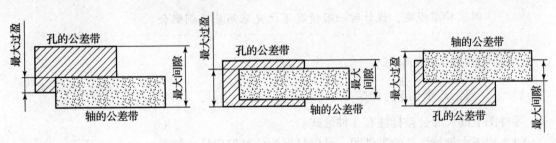

图 6-41 过渡配合

2. 配合制

为了便于设计与制造，在相互配合的零件中，将其中一个零件作为基准件，其基本偏差固定，通过改变另一个零件的基本偏差来获得各种不同性质的配合制度，称为配合制。根据生产需要，国家标准规定了两种配合制。

（1）基孔制配合：指基本偏差一定的孔的公差带，与不同基本偏差的轴的公差带形成各种配合的制图，如图 6-42 所示。基准孔的下偏差为零，用代号 H 表示。

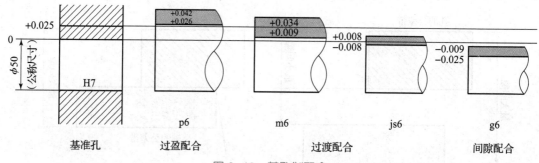

图 6-42　基孔制配合

（2）基轴制配合：指基本偏差一定的轴的公差带，与不同基本偏差的孔的公差带形成各种配合的制图，如图 6-43 所示。基准轴的上偏差为零，用代号 h 表示。

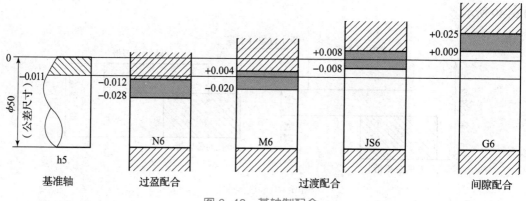

图 6-43　基轴制配合

温馨小提示

国家标准规定，设计时一般情况下优先采用基孔制配合。

（四）公差与配合的标注

1. 零件图上尺寸公差的标注

零件图上的尺寸公差标注有 3 种形式。

（1）用于大批量生产的零件图，可以只标注公差带代号，如图 6-44（a）所示。

（2）用于中小批量生产的零件图，一般只标注极限偏差，如图 6-44（b）所示。上、下极限偏差标注在公称尺寸的右侧，上下排列对齐；若是对称偏差，可以标注成如"50±0.31"的形式。

（3）需要同时标注出公差带代号和极限偏差时，极限偏差值加圆括号，如图 6-44（c）所示。

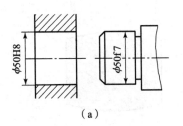 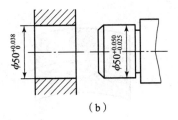 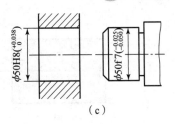

（a） （b） （c）

图6-44 尺寸公差的标注形式

2. 装配图上配合公差的标注

在装配图上常需要标注配合代号。配合代号由公称尺寸、孔的公差带代号和轴的公差带代号组成。如图6-45所示，孔与轴的公差带代号以分数的形式注写在公称尺寸的右侧，分子为孔公差带代号，分母为轴公差带代号。

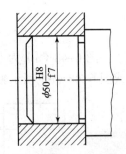

图6-45 装配图中的配合尺寸标注

（五）软件中公差的标注技巧

在需要标注尺寸公差的尺寸上右击，在弹出的快捷菜单中选择"编辑"命令，系统弹出如图6-46所示的"尺寸编辑"对话框。

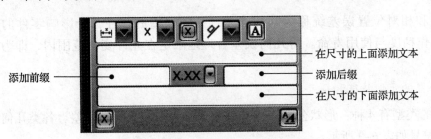

添加前缀 ——　X.XX　—— 添加后缀
在尺寸的上面添加文本
在尺寸的下面添加文本

图6-46 "尺寸编辑"对话框

尺寸与公差的标注技巧

选择对话框中的 X 下拉菜单，弹出一系列的设置公差形式。其中，表示对称公差，表示双向公差，表示单项正公差，表示单项负公差。

如选择双向公差，则在 中输入极限偏差数值即可，后面的下拉箭头用于设置公差保留的小数点位数。

四、几何公差及标注技巧

（一）几何公差

1. 基本概念

零件在加工中，不仅会产生尺寸误差，还会产生形状误差和相对位置误差。

图6-47（a）为一根理想的轴，但在实际加工过程中，可能会产生图6-47（b）所示的轴线弯曲，或图6-47（c）所示的外形变形的情况，这些现象属于形状误差。

几何公差

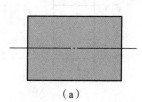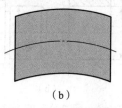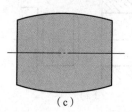

（a） （b） （c）

图 6-47　形状误差

（a）理想的轴；（b）轴线弯曲；（c）外形变形

图 6-48（a）为一理想的阶梯轴，实际加工后可能产生图 6-48（b）所示轴线不重合，或图 6-48（c）所示轴线错位的情况。这些现象属于相对位置误差。

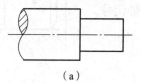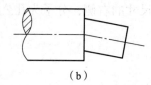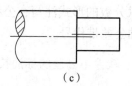

（a） （b） （c）

图 6-48　相对位置误差

（a）理想的阶梯轴；（b）轴线不重合；（c）轴线错位

形状误差和相对位置误差统称为几何误差，几何误差的存在，会影响零件的互换性和机器的工作精度与使用寿命。将几何误差合理地限定在允许变动范围内，即为几何公差。

2. 几何公差的几何特征和符号

几何公差的类型有 4 种：形状公差、方向公差、位置公差和跳动公差。各类几何公差的几何特征和符号如表 6-3 所示。

表 6-3　几何公差的分类、几何特征及符号

公差类型	几何特征	符号	有无基准	公差类型	几何特征	符号	有无基准
形状公差	直线度	——	无	位置公差	位置度	⊕	有
	平面度	▱	无		同心度（用于中心点）	◎	有
	圆度	○	无		同轴度（用于轴线）	◎	有
	圆柱度	⌭	无		对称度	=	有
	线轮廓度	⌒	无		线轮廓度	⌒	有
	面轮廓度	⌓	无		面轮廓度	⌓	有

续表

公差类型	几何特征	符号	有无基准	公差类型	几何特征	符号	有无基准
方向公差	平行度	//	有	跳动公差	圆跳动	↗	有
	垂直度	⊥	有		全跳动	↗↗	有
	倾斜度	∠	有				
	线轮廓度	⌒	有				
	面轮廓度	⌒	有				

3. 几何公差的标注

标注几何公差时，需要给出几何公差的点、线或面，称为被测要素。用来确定被测要素的方向、位置和跳动的要素称为基准要素。

（1）公差框格：几何公差一般用公差框格标注，由两格或多格组成，每格中的注写内容如图 6-49 所示。

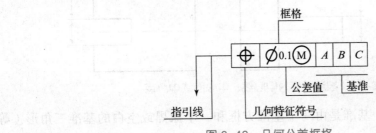

图 6-49　几何公差框格

带箭头的指引线从公差框格引出，且垂直于公差框格，指向被测要素，中途最多只允许折弯一次。

几何公差常见的标注形式如图 6-50 所示。如果需要就某个要素给出几种几何公差特征，可将几个公差框格叠加，如图 6-51 所示。

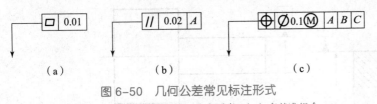

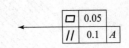

图 6-50　几何公差常见标注形式

（a）基本公差框格；（b）单一基准要素；（c）多基准组合

图 6-51　同一表面不同几何公差要求标注

公差框格可水平或垂直标注，其中的文字与尺寸标注要求与中文字注写方向一致。

（2）被测要素的标注：用指引线连接被测要素和公差框格，指引线引自框格的任意一侧，终端带箭头。

当公差涉及轮廓线或轮廓面时，箭头指向该要素轮廓线或其延长线，且与尺寸线错开，如图6-52所示。

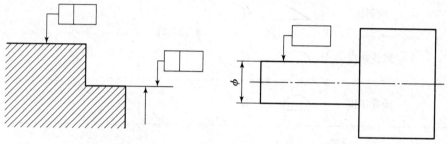

图6-52　被测要素为轮廓线或轮廓面

当公差涉及要素的中心线、中心面或中心点时，箭头应位于相应尺寸线的延长线上，如图6-53所示。

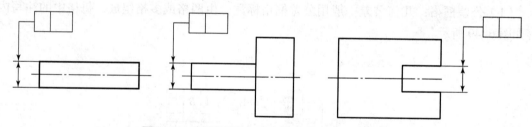

图6-53　被测要素为中心线、中心面或中心点

（3）基准要素的标注：基准是由一个基准方框和一个涂黑或空白的基准三角形（等边），用细实线连接构成。

当基准要素是轮廓线或轮廓面时，基准三角形放置在要素的轮廓线或其延长线上，且与尺寸线错开；当基准要素是轴线、中心平面或中心点时，基准三角形应放置在该尺寸线的延长线上，如图6-54所示。

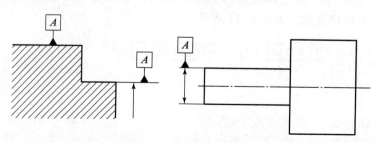

图6-54　基准要素的标注

下面以图 6-55 为例，说明几何公差的含义。

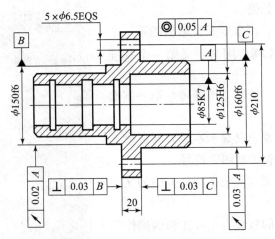

图 6-55 识读图中的几何公差

图中零件几何公差含义说明如表 6-4 所示。

表 6-4 几何公差含义说明

标注代号	含义说明
$\nearrow$ 0.03 A	表示零件上 $\phi160$ 圆柱表面对 $\phi85$ 圆柱孔轴线 A 的径向圆跳动公差为 0.03 mm
$\nearrow$ 0.02 A	表示零件上 $\phi150$ 圆柱表面对 $\phi85$ 圆柱孔轴线 A 的径向圆跳动公差为 0.02 mm
$\perp$ 0.03 B	表示零件上厚度为 20 mm 的安装板左端面对 $\phi150$ 圆柱面轴线 B 的垂直度公差为 0.03 mm
$\perp$ 0.03 C	表示零件上安装板右端面对 $\phi160$ 圆柱面轴线 C 的垂直度公差为 0.03 mm
$\circledcirc$ 0.05 A	表示零件上 $\phi125$ 圆柱孔的轴线对 $\phi85$ 轴线 A 的同轴度公差为 0.05 mm

（二）几何公差的标注技巧

在 UG NX 12.0 制图模块中标注几何公差时，使用"特征控制框"命令创建。选择菜单区"插入"→"注释"→"特征控制框"命令，或单击功能区的"特征控制框" ⬜ 图标，系统弹出如图 6-56 所示的"特征控制框"对话框。

几何公差标注
技巧

"特征控制框"对话框设置说明如下。

（1）特性：用来选择几何公差的类型，系统默认为"直线度"。

（2）框样式：用来选择"单框"或"复合框"。

（3）公差：用于定义几何公差的数值和相关符号；⬛ 下拉列表用来定义公差的前缀

147

符号，包括直径、球体、正方形符号等； 0.0 文本框用来输入公差的数值。

（4）第一基准参考：用来定义公差值的第一个参考基准。 □□ 下拉列表用来定义第一个基准符号，也可手动输入。

（5）第二基准参考、第三基准参考与第一基准参考设置一致。

（6）文本区域：用来定义显示在公差特征框上的文本内容，可以插入相关制图等符号。

（7）设置区域：用来定义公差特征框中的文字样式。

几何公差在图样中的放置方法和注释的操作一样，直接单击便会创建不带指引线的几何公差，若要创建指引线，可重新双击返回"特征控制框"对话框中设置指引线。

五、表面粗糙度及标注技巧

表面粗糙度

（一）表面粗糙度的概念

表面粗糙度是零件加工后，对零件表面结构进行评价的指标之一。除此之外，还包括表面波纹度、表面缺陷、表面纹理和表面几何形状等。

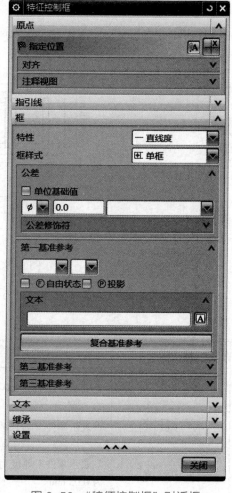

图6-56 "特征控制框"对话框

表面粗糙度是由于零件在加工过程中，由于机床、刀具的振动，以及材料在切削时产生塑性变形、刀痕等，而出现的加工表面高低不平的现象，如图6-57所示。因此，零件加工表面上具有的较小间距与峰谷所组成的微观几何形状特性就称为表面粗糙度。

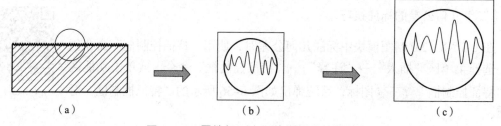

| （a） | （b） | （c） |

图6-57 零件加工表面的微观几何形状

（a）表面轮廓线；（b）放大后；（c）再放大

表面粗糙度是评定零件质量的标准之一，它对零件的耐磨性、耐腐蚀性、配合质量、密封性及外观等都有影响。

（二）表面粗糙度的评定参数

国家标准中规定了评定表面粗糙度的两个参数 Ra 和 Rz，如图 6–58 所示。

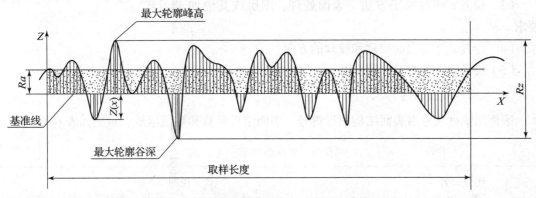

图 6–58 算数平均偏差 Ra 和轮廓最大高度 Rz

（1）算数平均偏差 Ra：为在一个取样长度内，纵坐标值 $Z(x)$ 绝对值的算数平均值。

（2）轮廓最大高度 Rz：为在一个取样长度内，最大轮廓峰高和最大轮廓谷深之和。

Ra 常用的参数值范围为 $0.025 \sim 6.3\ \mu m$，Rz 常用的参数值范围为 $0.1 \sim 25\ \mu m$，推荐优先选用算术平均偏差 Ra。

（三）表面结构的标注

1. 表面结构的图形符号与代号

图样中，对于不同要求的表面结构要用不同的图形符号表示。表面结构的图形符号及含义如表 6–5 所示。

表 6–5 表面结构的图形符号及含义

符号名称	符号	含义
基本图形符号	∨	未指定工艺的表面，当通过一个注译时可单独使用
扩展图形符号	∨	用去除材料方法获得的表面；仅当其含义是"被加工表面"时可单独使用
	∨	不去除材料的表面，也可用于表示保持上道工序形成的表面，不管这种状况是通过去除或不去除材料形成的
完整图形符号	∨ ∨ ∨	在以上各种符号的长边上加一横线，以便注写对表面结构的各种要求

图样中，为了明确表面结构的要求，表面结构的参数和数值以及其他补充要求，要与图形符号一起标注，注写位置如图 6–59 所示，各位置注写说明如下。

（1）位置 a 注写表面结构的单一要求。

（2）位置 a 和 b 注写两个或多个表面结构要求，在位置 a 注写第一个表面结构要求，位置 b 注写第二个表面结构要求。

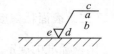

图 6-59　表面结构注写图形符号说明

（3）位置 c 注写加工方法、表面处理、图层或其他加工工艺要求。

（4）位置 d 注写表面纹理和纹理的方向。

（5）位置 e 注写加工余量，以 mm 为单位。

2. 表面粗糙度代号示例

表面粗糙度代号由表面结构图形符号、表面结构参数和数值组成，示例如表 6-6 所示。

表 6-6　表面粗糙度代号示例

代号示例	含义说明
$\sqrt{}$ Ra 3.2	表示任意加工方法，单向上限值，默认传输带，R 轮廓，算术平均偏差 3.2 μm，评定长度为 5 个取样长度（默认），"16% 规则"（默认）
$\sqrt{}$ Ra 3.2	表示不允许去除材料，单向上限值，默认传输带，R 轮廓，算术平均偏差 3.2 μm，评定长度为 5 个取样长度（默认），"16% 规则"（默认）
$\sqrt{}$ Ra 3.2	表示去除材料，单向上限值，默认传输带，R 轮廓，算术平均偏差 3.2 μm，评定长度为 5 个取样长度（默认），"16% 规则"（默认）
$\sqrt{}$ U Ramax 3.2 L Ra 0.8	表示不允许去除材料，双向极限值，两极限值均使用默认传输带，R 轮廓，上限值：算术平均偏差 3.2 μm，评定长度为 5 个取样长度（默认），"最大规则"。下限值：算术平均偏差 0.8 μm，评定长度为 5 个取样长度（默认），"16% 规则"（默认）

3. 表面粗糙度的注法

表面粗糙度对每个表面一般只标注一次，并尽可能标注在相应的尺寸及其公差的同一视图上。其注写与读取方向与尺寸的注写与读取方向一致，如图 6-60 所示。

表面粗糙度可标注在轮廓线或其延长线上，符号应从材料外指向材料表面，并与之接触，必要时也可用带箭头或黑点的指引线引出标注，如图 6-61 所示。

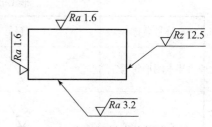

图 6-60　表面粗糙度的标注方法 1

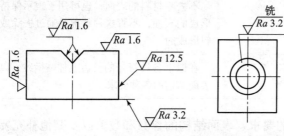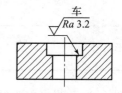

图 6-61　表面粗糙度的标注方法 2

在不致引起误解时，表面粗糙度可标注在尺寸线上，如图 6-62 所示。

表面粗糙度可标注在几何公差框格的上方，如图 6-63 所示。

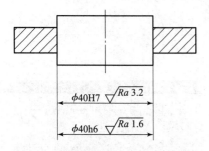

图 6-62 表面粗糙度的标注方法 3

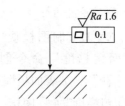

图 6-63 表面粗糙度的标注方法 4

如果工件的多数表面有相同的表面结构要求，则可将表面结构要求统一标注在图样的标题栏附近，此时，表面结构要求的符号后面应按以下方法标注。

（1）在圆括号内给出无任何其他标注的基本符号，如图 6-64（a）所示。

（2）在圆括号内给出不同的表面结构要求，如图 6-64（b）所示。

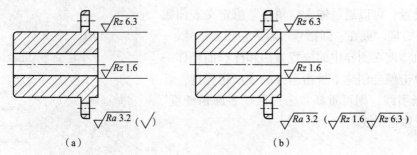

（a）

（b）

图 6-64 大多数表面有相同表面结构的简化注法

多个表面具有相同的表面结构要求或图纸空间有限时，可采用简化注法。用带字母的完整图形符号，以等式的形式，在图形或标题栏附近，对有相同表面结构要求的表面进行简化标注，如图 6-65（a）所示；用基本图形符号或扩展图形符号，以等式的形式给出对多个表面共同的表面结构要求，如图 6-65（b）所示。

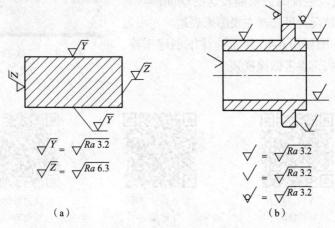

（a）

（b）

图 6-65 多个表面具有相同结构表面时的简化注法

温馨小提示

　　圆柱、圆锥、棱柱和棱锥的表面结构要求只标注一次，若各表面的要求不同，则应分别单独标注。

4. 表面粗糙度的标注技巧

　　在 UG NX 12.0 制图模块中注写表面粗糙度时，使用"表面粗糙度"命令创建。选择菜单区"插入"→"注释"→"表面粗糙度"命令，或单击功能区的"表面粗糙度" $\sqrt{}$ 图标，系统弹出如图 6-66 所示的"表面粗糙度"对话框。

　　"表面粗糙度"对话框设置说明如下。

　　（1）除料：在下拉列表中选择对应的表面结构的图形符号。根据图例，在文本框中的下拉列表中选择或直接输入文字注释。

　　（2）设置：可以通过输入"角度"值定义表面粗糙度的文字方向，或在"圆括号"后为它添加括号。

　　表面粗糙度在图样中的放置方法和注释的操作一样，直接单击便会创建不带指引线的表面粗糙度，若需要创建指引线，则可重新双击返回"表面粗糙度"对话框中设置指引线。

 任务实施 >>>

　　左泵盖的三维建模和零件图创建步骤如下。

　　根据左泵盖的结构特点，按其在齿轮泵中的工作位置确定主视图的投射方向，并用两相交的剖切平面对主视图作全剖视。主视图上未能表达的端面形状和连接板上孔的分布情况，可选择左视图来表达。左泵盖的三维建模和零件图如图 6-67 所示。详细创建步骤，请扫描下方的二维码，参考微课视频。

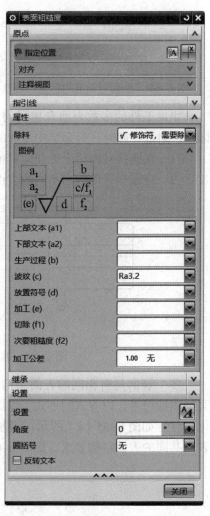

图 6-66 "表面粗糙度"对话框

表面粗糙度的
标注技巧

左泵盖的三维
建模

左泵盖零件图
创建

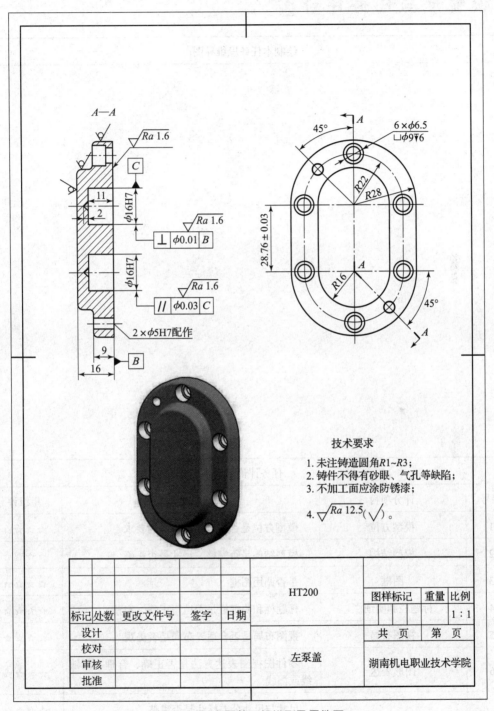

图 6-67 左泵盖三维模型及零件图

知 识 梳 理 与 任 务 评 价

绘制本任务思维导图

任务评价细则				
序号	评分项目	评分细则	星级评分
1	模型方位	模型方位是否符合零件投影的要求	☆ ☆ ☆ ☆ ☆
2	模型结构	模型结构是否完整，尺寸是否正确	☆ ☆ ☆ ☆ ☆
3	图框	是否调用图框	☆ ☆ ☆ ☆ ☆
4	标题栏和明细栏	标题栏和明细栏是否填写正确、完整	☆ ☆ ☆ ☆ ☆
5	视图布局	视图布局是否合适，布局是否美观	☆ ☆ ☆ ☆ ☆
6	图形表达	零件图视图表达方法是否正确、合理、不缺线或漏线	☆ ☆ ☆ ☆ ☆
7	标注	尺寸与尺寸公差标注是否完整	☆ ☆ ☆ ☆ ☆
		表面粗糙度标注与几何公差标注是否完整	☆ ☆ ☆ ☆ ☆
		技术要求标注是否合理	☆ ☆ ☆ ☆ ☆
总评			☆ ☆ ☆ ☆ ☆

任务二 主动轴的三维建模与零件图创建

任务引入

齿轮泵主动轴属于典型的轴类零件，也是回转零件。根据结构形状的不同，轴类零件可分为光轴、空心轴、阶梯轴和曲轴等，如图 6-68 所示。这类零件一般由大小不同的回转体（圆柱或圆锥）所构成，具有轴向尺寸大于径向尺寸的特点，局部结构有倒角、倒圆、键槽、砂轮越程槽、螺纹退刀槽、螺纹、中心孔等。

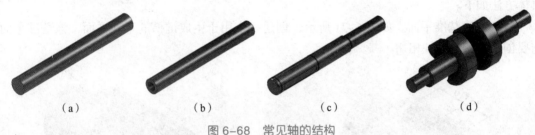

（a）　　　　　　（b）　　　　　　（c）　　　　　　（d）

图 6-68　常见轴的结构

（a）光轴；（b）空心轴；（c）阶梯轴；（d）曲轴

齿轮泵主动轴的主要作用是支承传动件和传递动力，其结构比较简单，各部分均为同轴线的回转体（圆柱、圆锥），如图 6-69 所示。它的左端与左泵盖的支承孔装配在一起；中间有一个键槽和两个挡圈槽，通过键与传动齿轮连接，再用弹性挡圈固定传动齿轮；右端有一个圆柱销孔，通过圆柱销与传动齿轮连接。本任务介绍主动轴的三维建模，移出断面图、局部放大图的表达方法和零件图的尺寸标注。

图 6-69　齿轮泵主动轴三维模型

学习目标

- **知识目标**
1. 掌握轴类零件的结构特点。
2. 掌握断面图和局部放大图的表达方法。
3. 掌握零件图中尺寸标注的要求。
- **能力目标**
1. 能正确创建移出断面图和局部放大图。
2. 能正确标注零件尺寸。
3. 能正确创建主动轴的三维模型。

相关知识

一、键槽与环形槽的创建

键槽与环形槽是轴类零件上常见的结构，如图 6-69 所示，齿轮泵主动轴上有 1 个键槽和 3 个环形槽。这两种结构均可以通过"拉伸"和"布尔求差"来创建，但 UG NX 12.0 中提供了专业的"键槽"和"槽"命令来创建这两种结构。

1. "键槽"命令

如图 6-70 所示，在阶梯轴上创建长度为 36 mm、宽度为 16 mm、深度为 10 mm 的键槽，具体方法如下。

（1）创建基准平面。如图 6-71 所示，创建一个用于生成键槽的基准平面，该基准平面与要创建键槽的圆柱相切。

图 6-70　阶梯轴

图 6-71　创建基准平面

（2）创建键槽。

①选择菜单区"插入"→"设计特征"→"键槽"，打开图 6-72 所示的"槽"对话框。

②选中"矩形槽"，单击"确定"按钮，进入图 6-73 所示的"矩形槽"对话框。在该对话框中选择创建的基准平面作为"放置面"。系统弹出图 6-74 所示的对话框。

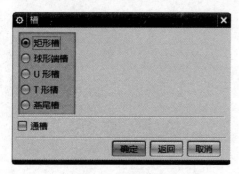

图 6-72　"槽"对话框

图 6-73　"矩形槽"对话框

③观察图形中的箭头方向是否朝向轴的中心，如果是，则选择"接受默认边"，如果不是，则选择"翻转默认侧"，单击"确定"按钮进入图 6-75 所示的"水平参考"对话框。

图 6-74 对话框

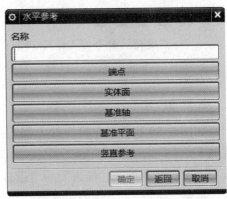

图 6-75 "水平参考"对话框

④在"水平参考"对话框中要求设置键槽的放置方向。在此例中，选择阶梯轴的中心轴线方向作为水平参考（需选择图形区的基准轴或基准平面）。

⑤系统弹出图 6-76 所示的"矩形槽"对话框，需要输入键槽的长度、宽度和深度，按图 6-76 所示输入，单击"确定"按钮，图形区出现了如图 6-77 所示的键槽模型。

⑥系统弹出图 6-78 所示的"定位"对话框，设置键槽的位置。选择第一个"水平定位"，在图形区选择模型中创建键槽的圆柱一侧外圆，再在弹出的对话框中选择"圆弧中心"作为定义键槽位置的基准，回到图形区选择键槽模型上出现的虚线（须选择可用于水平测量的虚线），在系统弹出的"创建表达式"对话框中输入参数"25"。

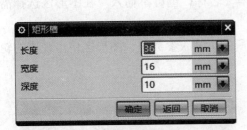

图 6-76 "矩形槽"对话框

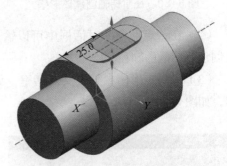

图 6-77 设置键槽的位置

⑦最后单击两次"确定"按钮便创建出键槽，如图 6-79 所示。

图 6-78 创建键槽对话框

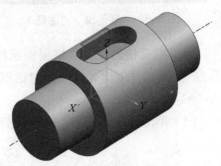

图 6-79 完成键槽创建

温馨小提示

"键槽"命令在 UG NX 12.0 中已经隐藏，若需要使用则可在"定制"界面调出。不过，采用"拉伸"命令同样可以快速地创建出键槽。

2. "槽"命令

如图 6-80 所示，在阶梯轴上创建一个直径为 25 mm，宽度为 5 mm 的环形槽，具体方法如下。

（1）选择菜单区"插入"→"设计特征"→"槽"，打开如图 6-81 所示的"槽"对话框。选择"矩形"，系统弹出如图 6-82 所示的"矩形槽"对话框。

图 6-80　在阶梯轴创建环形槽

图 6-81　创建环形槽对话框

（2）在"矩形槽"对话框中可以输入"矩形槽"名称，也可不输入。在图形区选择需要创建环形槽的轴径。

（3）弹出矩形槽参数定义对话框，如图 6-83 所示。输入参数值，图形区中出现槽的轮廓，如图 6-84 所示。

图 6-82　"矩形槽"对话框 1

图 6-83　"矩形槽"对话框 2

（4）定义槽的位置。根据提示栏提示，先选择"目标边"，即参考边；再选择"刀具边"，弹出"创建表达式"对话框，如图 6-85 所示。设定两个边重合，在文本框中输入"0"。

（5）单击"确定"按钮，完成创建。

图 6-84 创建矩形槽轮廓

图 6-85 "创建表达式"对话框

二、断面图及创建技巧

（一）断面图的概念

用假想的剖切平面，将机件的某处切断，仅画出剖切面与零件接触部分的图形称为断面图，如图 6-86 所示。断面图主要用于表达机件上肋板、轮辐的断面形状，或轴、杆上的槽、孔等结构。

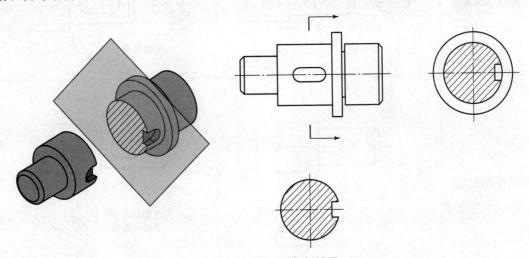

图 6-86 断面图与剖视图

断面图与剖视图的区别：断面图仅画出断面形状，剖视图既要画出断面的形状，还要画出剖切面后其他结构的投影。

（二）断面图的种类

根据配置不同，可将断面图分为移出断面图和重合断面图。

1. 移出断面图

画在视图之外的断面图，称为移出断面图。移出断面图的轮廓线用粗实线绘制，其标注形式和内容与剖视图相同，通常配置在剖切线或剖切符号的延长线上。也可以根据具体情况简化或省略，如表6-7所示。

表6-7　移出断面图的标注

配置方式	对称的移出断面图	非对称的移出断面图
配置在剖切线的延长线上	省略标注	省略字母
按投影关系配置	省略箭头	省略箭头
配置在其他位置	省略箭头	标注剖切符号、字母和箭头

使用移出断面图表达时的注意事项如下。

（1）移出断面图用粗实线绘制轮廓线。

（2）当剖切平面通过回转形成的孔或者凹坑时，按剖视图的要求绘制，如图6-87所示。

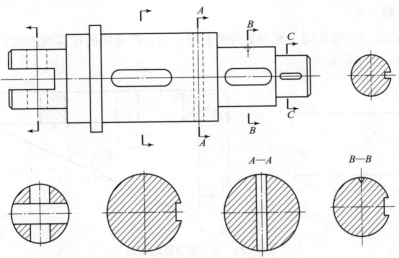

图 6-87 移出断面图的画法

（3）由两个或多个相交的剖切平面剖切得到的移出断面图，中间一般应断开，如图 6-88 所示。

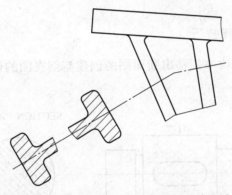

图 6-88 相交剖切平面移出断面图的画法

（4）移出断面图的图形若对称，也可画在视图的中断处，如图 6-89 所示。

（5）在不致引起误解的情况下，允许将移出断面图旋转，此时需要加注旋转符号，如图 6-90 所示。

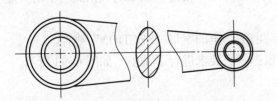

图 6-89 移出断面图绘制在视图的中断处

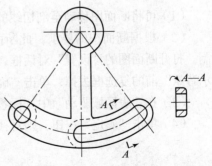

图 6-90 移出断面图旋转后绘制

2. 重合断面图

画在视图之内的断面图，称为重合断面图。重合断面图的轮廓线用细实线绘制，如图 6-91 所示。

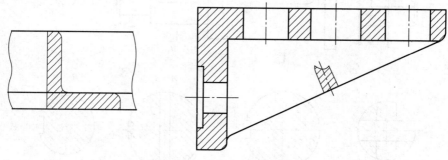

图 6-91　重合断面图的画法

使用重合断面图表达时的注意事项如下。

（1）当重合断面图与视图中的轮廓线重叠时，视图的轮廓线应连续画出，不可间断。

（2）对称的重合断面图，不必标注。不对称的重合断面图在不致引起误解时，可省略标注。

（三）移出断面图的创建技巧

在 UG NX 12.0 制图模块中，移出断面图的创建与剖视图的创建方法一致，如图 6-92 所示。

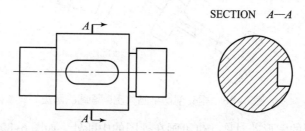

图 6-92　UG NX 12.0 中创建的剖视图

但由于断面图与剖视图有本质的区别，因此需要将图 6-92 所示的剖视图进一步进行设置，步骤如下。

（1）可将断面图移动至剖切线的延长线上。

（2）根据断面图的要求，此断面图中只需要绘制断面投影，其他轮廓线投影不需要绘制。打开断面图的"设置"对话框，在"表区域驱动"中"设置"区域的"格式"下的"显示背景"前的复选框去掉，单击"确定"按钮。

（3）在"表区域驱动"中"标签"区域将"前缀"里的字母"SECTION"删掉。

（4）单击"确定"按钮，则对移出断面图根据画法要求进行了调整，如图 6-93 所示。

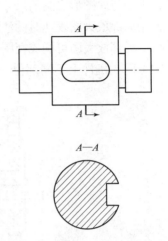

图 6-93　设置"剖视图"修改成"断面图"

三、局部放大图及创建技巧

（一）局部放大图

当零件中的某些局部结构较小，在原定比例的图形中不易表达清楚或不便标注尺寸时，可将此局部结构用较大的比例单独画出，称为局部放大图。此时，原视图中该部分结构可简化表示。

局部放大图应尽量配置在被放大部位的附近。用细实线圈出被放大的部位，并在局部放大图的上方注出所采用的比例。若同时有几处被放大时，必须用罗马数字依次表明被放大部位，并在局部放大图的上方标注出相应的罗马数字和采用的比例，如图 6-94 所示。

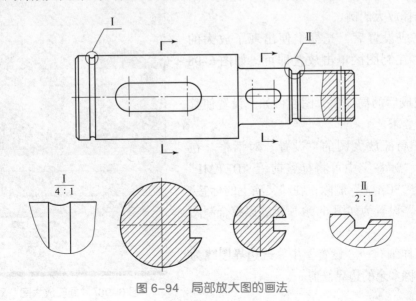

图 6-94　局部放大图的画法

局部放大图的比例是指该图形中机件要素的线性尺寸与实际机件相应要素的线性尺寸之比，不是与原图形之间的尺寸之比。

使用局部放大图表达时的注意事项如下。

（1）局部放大图可画成视图、剖视图和断面图，与被放大部分的表达方式无关。

（2）同一机件上不同部位，当图形相同或对称时，局部放大图只需画一个，如图6-95所示。

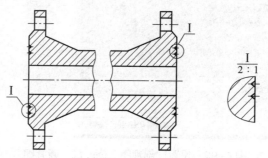

图6-95 多个图形相同或对称结构只画一个局部放大图

（二）局部放大图的创建技巧

UG NX 12.0制图过程中，局部放大图的创建步骤如下。

（1）选择菜单区"插入"→"视图"→"局部放大图"命令，或在功能区选择"局部放大图" 图标，系统弹出"局部放大图"对话框，如图6-96所示。

（2）"类型"设置为圆形，然后在图形区域需要放大的要素处按照草图中绘制圆的方法画圆，将需要放大的区域包含进去，如图6-97所示。

（3）在"局部放大图"对话框中"比例"下拉列表中选择放大比例。

（4）完成设置后，光标上便出现了放大的局部视图，在制图区单击放置即可，如图6-98所示。

（5）完成后的局部放大图要做如下设置使其符合制图的要求。

①打开局部放大图的"设置"对话框。在"详细"→"标签"中可将标签前缀"DETAIL"和比例前缀"SCALE"删除；在"父项上的标签"中将"显示"设置为如图6-99所示，以符合制图要求。

②在"详细"→"设置"中修改边界图线为细实线，并将多余的边界修剪。

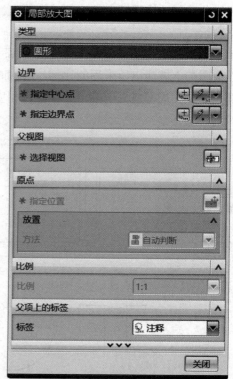

图6-96 "局部放大图"对话框

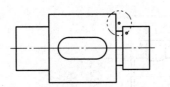

图 6-97 在需要放大的位置画圆

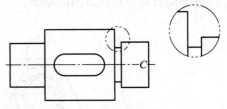

图 6-98 生成局部放大图

图 6-99 设置局部放大图标签和格式

③单击"确定"按钮，最后完成的局部放大图如图 6-100 所示。

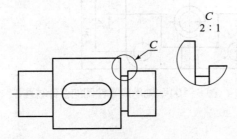

图 6-100 完成局部放大图创建

温馨小提示

若局部放大图的标记还不是很符合国家标准的要求，则可通过注释进行进一步修改。

四、零件的尺寸标注要求

组合体的尺寸标注中已介绍尺寸标注的基本规定以及尺寸标注的正确性、完整性和清晰性要求，但是在标注零件图的尺寸时，还要考虑生产实际的要求，并满足零件的工艺要求。

（一）尺寸基准的选择

尺寸基准通常选择零件的对称平面、底面、重要端面、轴肩、主要加工面、两零件的结合面等。在零件图中标注尺寸时，既要考虑设计要求，又要便于加工、测量，为此有设计基准和工艺基准之分。

1. 设计基准

设计基准是根据零件的设计要求所选定的基准，通常为主要基准。如图 6-101 所示的

165

轴承座零件图，其中左右两边对称中心平面是长度方向的基准；底板的底面是高度方向的基准，支撑板的背面是宽度方向的基准。

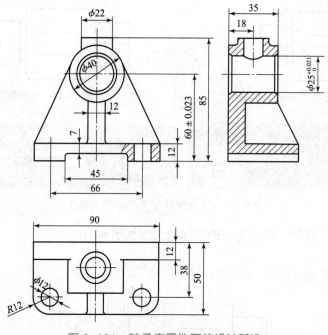

图 6-101　轴承座零件图的设计基准

2. 工艺基准

工艺基准是为便于零件加工和测量所选定的基准。从工艺基准出发标注尺寸，可直接反映工艺要求，便于操作、保证加工和测量质量。

如图 6-102 所示，轴在车床上加工时，选择右侧端面作为加工和测量时的长度基准进行尺寸标注。

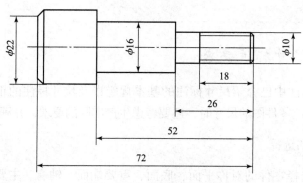

图 6-102　轴的尺寸标注

（二）标注尺寸的一般原则

（1）重要尺寸要直接注出，包括影响产品性能、工作精度、安装定位和有配合关系的尺寸，如图 6-103 所示。

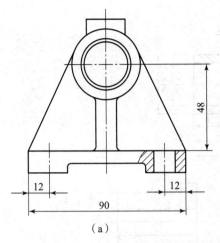
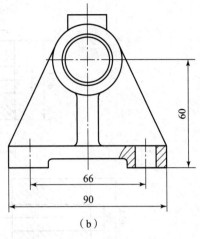

图 6-103 重要尺寸直接注出

(a) 合理; (b) 不合理

（2）避免注成封闭尺寸链。封闭尺寸链是指首尾相连，构成封闭回路的一组尺寸，如图 6-104（a）所示。由于各段轴径加工时均会产生误差，最后误差均会累计到轴的总长尺寸上，因此标注时应使要求高的段落尺寸得到保证，选择一个相对不重要的尺寸不标注，最终将误差集中反映到这个不重要的尺寸上，即开环处，如图 6-104（b）所示。

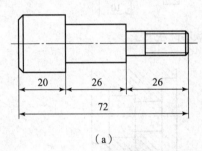
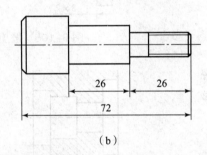

图 6-104 避免注成封闭尺寸链

(a) 不合理; (b) 合理

（3）按加工顺序标注尺寸，这样便于看图、测量，且容易保证加工精度。如图 6-105 所示的轴套零件，从下料到每一道加工工序，都可以在图中直接找到对应尺寸，且符合加工顺序。

（4）尺寸标注应该便于测量，如图 6-106 所示。

（5）对于铸造或锻造零件，同一方向上的加工面和非加工面应各选择一个基准分别标注有关尺寸，并且两个基准之间只允许有一个联系尺寸，如图 6-107 所示。

（三）零件结构要素的尺寸注法

（1）圆角与倒角的尺寸标注如图 6-108 所示。

（2）螺纹退刀槽（砂轮越程槽）和键槽的尺寸标注如图 6-109 所示。

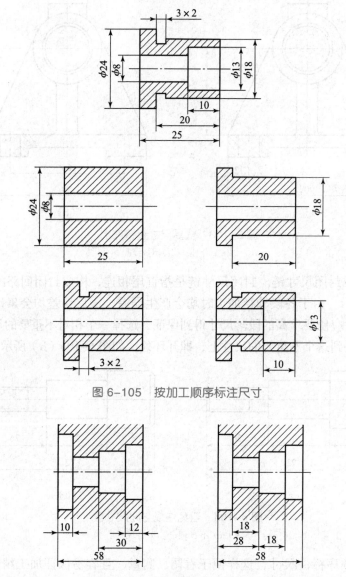

图 6-105　按加工顺序标注尺寸

图 6-106　按测量方便标注尺寸

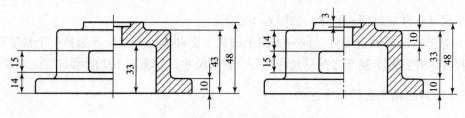

图 6-107　加工面和非加工面的尺寸标注

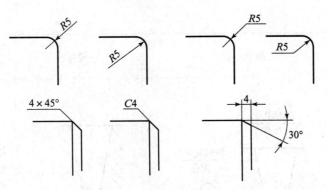

图 6-108　圆角和倒角的尺寸标注

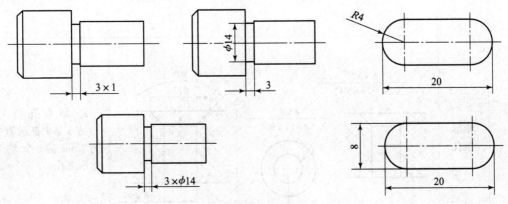

图 6-109　螺纹退刀槽和键槽的尺寸标注

（3）常见孔的尺寸注法如表6-8所示。

表6-8　常见孔的尺寸注法

零件结构类型		简化标注	一般标注	说明
光孔	一般孔	$4×\phi5\,\underline{\overline{\vee}}\,10$	$4×\phi5$	$\underline{\overline{\vee}}$ 为深度符号。$4×\phi5\,\underline{\overline{\vee}}\,10$ 表示直径为 5 mm 均布的 4 个光孔，孔深为 10 mm
	精加工	$4×\phi5^{+0.012}_{0}\,\underline{\overline{\vee}}\,10$ 孔 $\underline{\overline{\vee}}\,12$	$4×\phi5^{+0.012}_{0}$	光孔深 12 mm，钻孔后需精加工，精加工深度为 10 mm

169

续表

零件结构 类型		简化标注	一般标注	说明
光孔	锥孔	锥销孔φ5 配作 锥销孔φ5 配作	锥销孔φ5 配作	与锥销相配的锥销孔，小端直径为 5 mm。锥销孔通常是两零件装配后加工的，称为配作
沉孔	锥形 沉孔	6×φ7 ∨φ13×90° 6×φ7 ∨φ13×90°	90° φ13 6×φ7	∨埋头孔符号。 ∨6×φ7表示直径为 7 mm 的 6 个均布锥形沉孔
	柱形 沉孔	4×φ6 ⊔φ10▼3.5 4×φ6 ⊔φ10▼3.5	φ10 3.5 4×φ6	⊔为沉孔及锪平孔符号。 ⊔φ10▼3.5 表示柱形沉孔的直径为 10 mm，深度为 3.5 mm
	锪平 沉孔	4×φ7 ⊔φ16 4×φ7 ⊔φ16	φ16 4×φ7	锪平面 φ16 的深度不必标注，一般锪平到不出现毛面为止

任务实施 >>>

主动轴的三维建模和零件图创建步骤如下。

根据主动轴的结构特点,按加工位置将轴线水平放置来确定主视图,键槽朝前,以便表达键槽的形状;键槽的深度用移出断面图表示;挡圈槽和右端沟槽的形状及大小用两个局部放大图分别表示。

主动轴的三维建模和零件图如图 6-110 所示。详细创建步骤,请扫描右侧的二维码,参考微课视频。

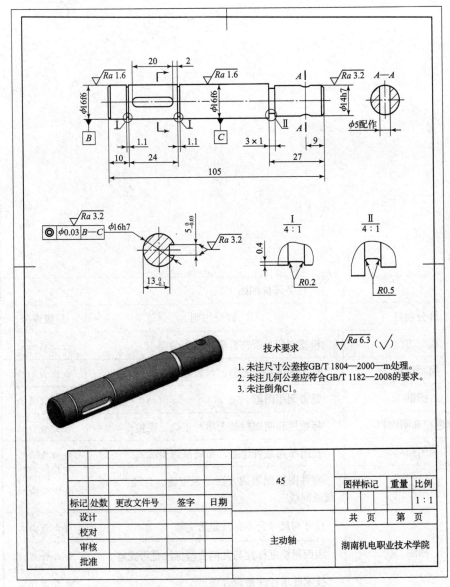

主动轴的三维建模

主动轴零件图创建

图 6-110 主动轴的三维建模和零件图

知 识 梳 理 与 任 务 评 价

绘制本任务思维导图

任务评价细则			
序号	评分项目	评分细则	星级评分
1	模型方位	模型方位是否符合零件投影的要求	☆☆☆☆☆
2	模型结构	模型结构是否完整，尺寸是否正确	☆☆☆☆☆
3	图框	是否调用图框	☆☆☆☆☆
4	标题栏和明细栏	标题栏和明细栏是否填写正确、完整	☆☆☆☆☆
5	视图布局	视图布局是否合适，布局是否美观	☆☆☆☆☆
6	图形表达	零件图视图表达方法是否正确、合理、不缺线或漏线	☆☆☆☆☆
7	标注	尺寸与尺寸公差标注是否完整	☆☆☆☆☆
		表面粗糙度标注与几何公差标注是否完整	☆☆☆☆☆
		技术要求标注是否合理	☆☆☆☆☆
		总评	☆☆☆☆☆

任务三　齿轮的三维建模与零件图创建

任 务 引 入

　　齿轮是指轮缘上有轮齿连续啮合以传递运动和动力的机械元件。一对齿轮的齿，依次交替地接触，从而实现一定规律的相对运动的过程和形态，称为啮合。齿轮是机械传动中广泛应用的传动零件，通过一对啮合的齿轮可以把动力从一根轴传递到另一根轴，同时还可以改变转速和转向。

　　由两个啮合的齿轮组成的基本机构称为齿轮副，根据传动情况可分为以下 3 类。

　　（1）平行轴齿轮副（圆柱齿轮啮合）：用于两平行轴之间的传动，如图 6-111（a）所示。

　　（2）相交轴齿轮副（锥齿轮啮合）：用于两相交轴之间的传动，如图 6-111（b）所示。

　　（3）交错轴齿轮副（蜗轮蜗杆啮合）：用于两交错轴之间的传动，如图 6-111（c）所示。

本任务主要介绍标准直齿圆柱齿轮的三维建模与零件图创建的相关知识。

（a）　　　　　　　　　　（b）　　　　　　　　　　（c）

图 6-111　齿轮副的种类

（a）平行轴齿轮副；（b）相交轴齿轮副；（c）交错轴齿轮副

学 习 目 标

● **知识目标**

1. 掌握直齿圆柱齿轮的结构和尺寸参数。

2. 掌握单个圆柱齿轮的规定画法和齿轮啮合的画法。

3. 掌握齿轮的建模方法和图样创建技巧。

● **能力目标**

1. 能创建出齿轮的三维模型。

2. 能创建出完整的齿轮零件图。

相关知识

一、认识直齿圆柱齿轮结构

圆柱齿轮的轮齿有直齿、斜齿和人字齿等。本书主要介绍标准直齿圆柱齿轮各部分的结构。

认识齿轮的结构

（一）直齿圆柱齿轮的基本参数

直齿圆柱齿轮各部分名称及代号如图 6–112 所示。

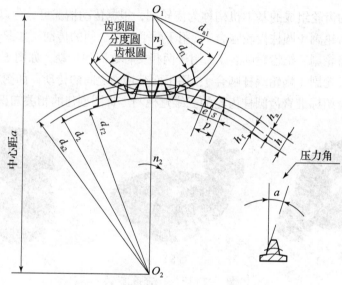

图 6–112　直齿圆柱齿轮各部分名称及代号

（1）齿数：齿轮上轮齿的个数称为齿数，用 z 表示。

（2）齿顶圆：通过轮齿顶部的圆周称为齿顶圆，其直径用 d_a 表示。

（3）齿根圆：通过轮齿根部的圆周称为齿根圆，其直径用 d_f 表示。

（4）分度圆：标准齿轮中，齿厚与齿槽宽相等处的圆称为分度圆，其直径用 d 表示。它是设计、制造齿轮时计算各部分尺寸的基准圆。

（5）齿高：齿顶圆与齿根圆之间的径向距离称为齿高，用 h 表示，且 $h=h_a+h_f$。其中，h_a 表示齿顶高，是齿顶圆与分度圆之间的径向距离；h_f 表示齿根高，是齿根圆与分度圆之间的径向距离。

（6）齿距：在分度圆上，相邻两齿对应齿廓之间的弧长称为齿距，用 p 表示，且 $p=s+e$。其中，s 表示齿厚，是一个轮齿的齿廓在分度圆上的弧长；e 表示槽宽，是一个齿槽两侧轮廓在分度圆上的弧长。

（7）模数：齿轮的分度圆周长为 $\pi d=pz$，则 $d=\dfrac{p}{\pi}z$。为了计算方便，将 $\dfrac{p}{\pi}$ 的值称为模数，用 m 表示，单位为 mm，则

$$d=mz$$

模数是设计、制造齿轮的一个重要参数。m 的值越大，表示轮齿的承载能力越大。制造齿轮时，刀具的选择是以模数为依据的。为了便于设计与制造，模数的数值已标准化，如表6-9所示。

表6-9　标准化模数系列

模数系列	标准模数
第一系列	1，1.25，1.5，2，2.5，3，4，5，6，8，10，12，16，20，25，32，40，50
第二系列	1.125，1.375，1.75，2.25，2.75，3.5，4.5，5.5，（6.5），7，9，11，14，18，22，28，35，45

注：选用模数时，优先选用第一系列，括号内的模数尽可能不用。

（8）中心距：一对啮合圆柱齿轮轴线之间的距离称为中心距，用 a 表示。对于标准齿轮，$a=\frac{1}{2}(d_1+d_2)$。

（9）压力角：一对齿轮啮合转动时，节点 P 的运动方向（分度圆的切线方向）和正压力方向（渐开线的法线方向）所夹的锐角称为压力角，用 α 表示。我国标准规定 $\alpha=20°$。

（二）直齿圆柱齿轮各部分的尺寸关系

已知模数 m 和齿数 z 时，标准直齿轮的其他参数均可以计算出来，计算公式如表6-10所示。

表6-10　标准直齿圆柱齿轮各部分尺寸计算

名称及代号	计算公式	名称及代号	计算公式
齿距 p	$p=\pi m$	分度圆直径 d	$d=mz$
齿顶高 h_a	$h_a=m$	齿顶圆直径 d_a	$d_a=m(z+2)$
齿根高 h_f	$h_f=1.25m$	齿根圆直径 d_f	$d_f=m(z-2.5)$
齿高 h	$h=2.25m$	中心距 a	$a=m(z_1+z_2)/2$

二、直齿圆柱齿轮三维建模

直齿圆柱齿轮建模可利用"GC工具箱"中的"柱齿轮建模"命令创建。

选择菜单区"GC工具箱"→"齿轮建模"→"柱齿轮"，或直接选择功能区的"渐开线圆柱齿轮建模" 图标，打开"渐开线圆柱齿轮建模"对话框，如图6-113所示，具体操作如下。

圆柱齿轮的
三维建模

（1）选择"创建齿轮"，单击"确定"按钮。

（2）选择齿轮类型。创建标准直齿圆柱齿轮，选择对话框默认选项，如图 6-114 所示，单击"确定"按钮。

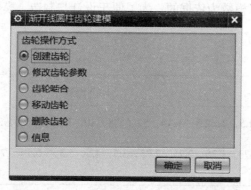

图 6-113 "渐开线圆柱齿轮建模"对话框

（3）打开"渐开线圆柱齿轮参数"对话框，在文本框中可以设定齿轮的"名称"，输入齿轮的模数、牙数（齿数）、齿宽和压力角，如图 6-115 所示，单击"确定"按钮。

（4）弹出如图 6-116 所示的"矢量"对话框，确定齿轮的轴线方向，单击"确定"按钮。弹出如图 6-117 所示的"点"对话框，设置齿轮端面圆心位置，单击"确定"按钮。

（5）完成齿轮模型的创建，如图 6-118 所示。

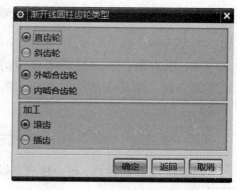

图 6-114 "渐开线圆柱齿轮类型"
对话框

图 6-115 "渐开线圆柱齿轮参数"对话框

图 6-116 "矢量"对话框

图 6-117　"点"对话框

图 6-118　完成齿轮模型创建

> **温馨小提示**
>
> 　　GC 工具箱中的齿轮建模还可以创建斜齿轮和锥齿轮，创建方法与直齿轮基本一致。

三、直齿圆柱齿轮的零件图及创建技巧

（一）单个圆柱齿轮的画法

单个圆柱齿轮的画法如图 6-119 所示，具体步骤如下。

（1）齿顶圆和齿顶线用粗实线绘制。

（2）分度圆和分度线用细点画线绘制，与中心线的绘制方法相似。

（3）在基本视图中，齿根圆和齿根线用细实线绘制，也可以省略不画。

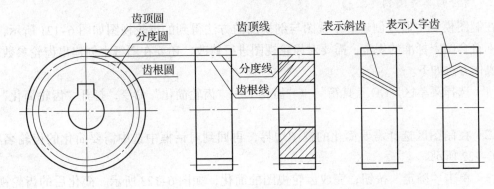

图 6-119　单个圆柱齿轮的画法

（4）在剖视图中，齿根线用粗实线绘制，不能省略。当剖切平面通过齿轮的轴线时，轮齿一律按不剖处理。

（5）斜齿、人字齿的齿线特征，可以用3条与齿线方向一致的细实线表示。

（二）圆柱齿轮的零件图及创建技巧

1. 齿轮的零件图要求

齿轮的零件图中除了要有一组视图和相应尺寸外，还要在零件图的右上角配置齿轮参数表，如图6-120所示，参数项目可根据需要进行增加或减少。

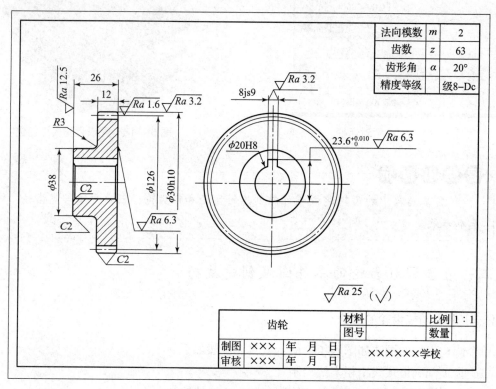

法向模数	m	2
齿数	z	63
齿形角	α	20°
精度等级		级8-Dc

齿轮		材料		比例	1：1
		图号		数量	
制图	××× 年 月 日		××××××学校		
审核	××× 年 月 日				

图6-120　齿轮零件图

2. 齿轮的零件图创建技巧

在制图模块中通过创建基本视图与剖视图的方法得到的齿轮视图如图6-121所示，这显然不符合国家标准的规定，需要对齿轮视图进行修改，还要在图纸中创建出齿轮参数表。具体操作方法如下。

（1）选择菜单区"GC工具箱"→"齿轮"→"齿轮简化"命令，打开"齿轮简化"对话框。

（2）在制图区选择需要简化的视图边界，再回到对话框中选中需要简化的齿轮名称，如图6-122所示。

（3）单击"确定"按钮，完成齿轮视图的简化，如图6-123所示。简化后的齿轮视图便可进行标注了。

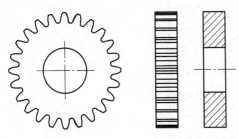

图 6-121　UG NX 12.0 中直接生成的
齿轮视图

图 6-122　"齿轮简化"对话框

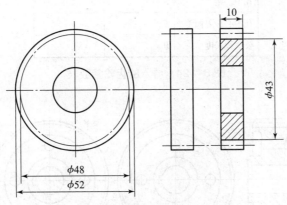

图 6-123　简化后的齿轮视图

（4）创建齿轮参数表。选择菜单区"GC 工具箱"→"齿轮"→"齿轮简化"命令，可创建如图 6-124 所示的齿轮参数表。参数表中的内容可使用制图中表格的操作方法进行修改或调整。

四、圆柱齿轮啮合的画法

模数和压力角都相等的两个齿轮才能相互啮合，进行传动。当两标准齿轮啮合时，它们的分度圆处于相切位置，此时分度圆又称为节圆。啮合部分的规定画法如图 6-125 所示。

（1）在端面视图中，两齿轮的节圆相切，啮合区的齿顶圆用粗实线绘制或省略。

（2）在非圆的视图中，啮合区内的齿顶线不需要画出，用粗实线表示节线。

（3）在非圆的剖视图中，当剖切平面通过两啮合齿轮的轴线时，啮合区内将一个齿轮的齿顶线与齿根线用粗实线绘制，另一个齿轮的轮齿被遮挡，齿顶线用粗实线绘制，齿根线用细虚线绘制或省略不画。

（4）在剖视图中，当剖切平面通过啮合齿轮的轴线时，轮齿一律按不剖绘制。

齿轮参数		
模数	m	2.00
齿数	z	24
压力角	α	20°
变位系数	x	0.25
分度圆直径	d	48.00
齿顶高系数	h_a^*	–
顶隙系数	c^*	1.00
齿顶高	h_a	2.00
齿全高	h	4.50
精度等级		
孔中心距	α	
孔中心极限偏差	F_a	
公法线长度	W_k	

图 6-124　导入的齿轮参数表

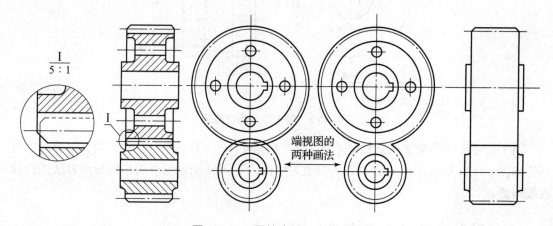

图 6-125　圆柱齿轮啮合的画法

任务实施

　　齿轮的三维建模和零件图创建步骤如下。

　　齿轮属于盘类零件，主视图按其工作位置使用全剖视图表达；左视图表达齿轮的键槽或其他结构的尺寸。

　　齿轮的三维建模和零件图如图 6-126 所示。详细创建步骤请扫描右侧的二维码，参考微课视频。

齿轮的三维建模
和零件图创建

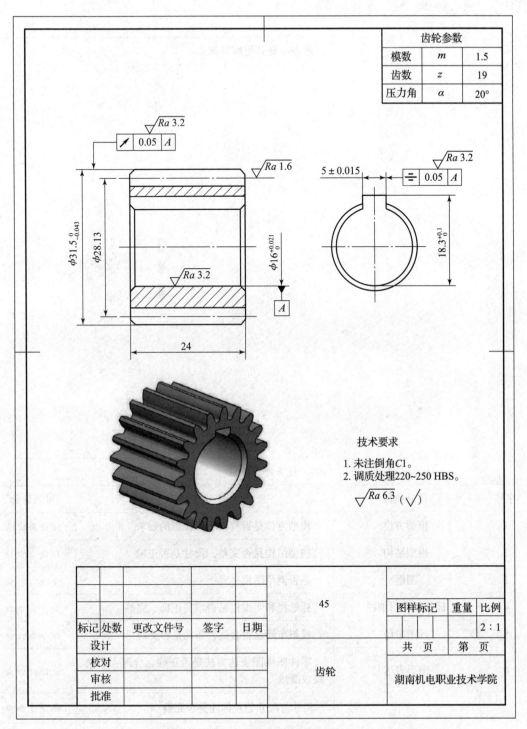

图 6-126　齿轮的三维建模和零件图

知 识 梳 理 与 任 务 评 价

绘制本任务思维导图

任务评价细则			
序号	评分项目	评分细则	星级评分
1	模型方位	模型方位是否符合零件投影的要求	☆ ☆ ☆ ☆ ☆
2	模型结构	模型结构是否完整，尺寸是否正确	☆ ☆ ☆ ☆ ☆
3	图框	是否调用图框	☆ ☆ ☆ ☆ ☆
4	标题栏和明细栏	标题栏和明细栏是否填写正确、完整	☆ ☆ ☆ ☆ ☆
5	视图布局	视图布局是否合适，布局是否美观	☆ ☆ ☆ ☆ ☆
6	图形表达	零件图视图表达方法是否正确、合理、不缺线或漏线	☆ ☆ ☆ ☆ ☆
7	标注	尺寸与尺寸公差标注是否完整	☆ ☆ ☆ ☆ ☆
		表面粗糙度标注与几何公差标注是否完整	☆ ☆ ☆ ☆ ☆
		技术要求标注是否合理	☆ ☆ ☆ ☆ ☆
总评			☆ ☆ ☆ ☆ ☆

任务四 泵体的三维建模与零件图创建

任务引入

如图 6-127 所示，齿轮泵泵体的主要作用是包容其他零件，其结构形状可分为主体和底座两部分。主体部分为长圆形内腔，以容纳一对齿轮。左右两个凸起为进、出油孔，与泵体内腔相通。泵体的两端面有与左、右泵盖连接用的六个螺孔和两个定位用的圆柱销孔。底座为长方形，用来固定齿轮泵，下部的通槽则是为了减少加工面而设置的，两边各有一个固定齿轮泵用的安装孔。

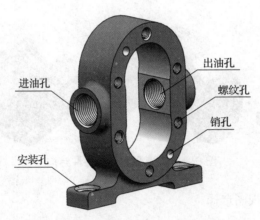

图 6-127 齿轮泵泵体三维结构图

本任务通过完成齿轮泵泵体的三维模型和零件图，介绍螺纹相关知识与螺纹建模、局部视图与局部剖视图的表达方法与创建技巧。

学习目标

- **知识目标**
1. 掌握箱体类零件的结构特点。
2. 掌握螺纹的种类、画法、标记方法和建模技巧。
3. 掌握局部视图、局部剖视图的表达方法和建模技巧。

- **能力目标**
1. 能创建出箱体零件的三维模型。
2. 能灵活运用螺纹建模方法创建详细螺纹、符号螺纹和螺纹孔。
3. 能在零件表达中创建局部视图和局部剖视图。

相关知识

一、箱体类零件的结构特点和视图选择

（一）箱体类零件的结构特点

齿轮泵泵体属于箱体类零件，这类零件还包括阀体、箱体等，其毛坯大多为铸件，一般起支承、容纳、定位和密封等作用。箱体类零件的内腔和外形结构都比较复杂，常有轴承孔、凸台、凹坑、肋板、安装孔、螺孔，此外还有铸造圆角、拔模斜度等常见结构，如图 6-128 所示。

图 6-128　常见箱体类零件结构

（二）箱体类零件的视图选择

箱体类零件的结构比较复杂，一般需要经过多种工序加工而成，因此主视图的选择一般以形状特征和工作位置来确定。针对外部和内部结构形状的复杂情况，可采用全剖视、半剖视和局部剖视。对局部的外部、内部结构形状可采用斜视图、局部视图、局部剖视和断面图来表示。

如图 6-129 和图 6-130 所示，蜗杆减速器箱体的三维模型与零件图采用了全剖视图、向视图、局部视图、半剖视图和局部剖视图表达零件内外部的结构形状。

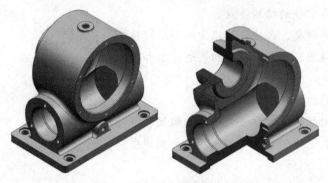

图 6-129　蜗杆减速器箱体三维模型

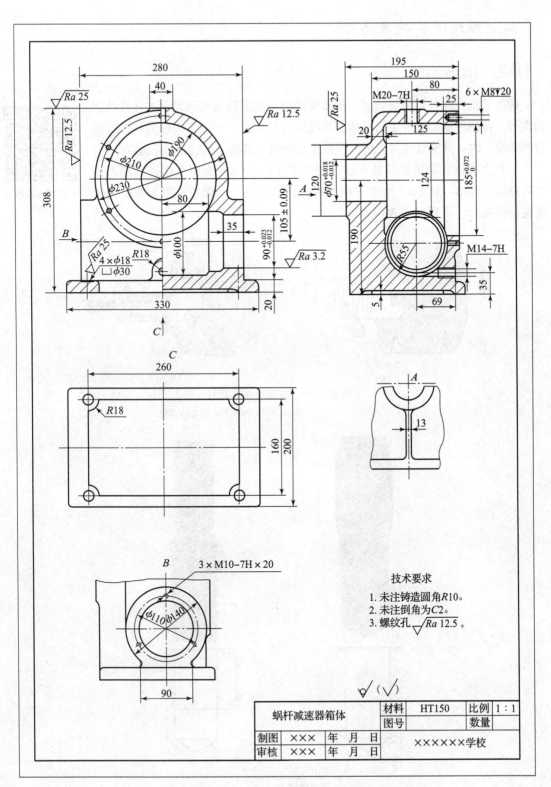

图 6-130　蜗杆减速器箱体零件图

二、螺纹及其建模方法

（一）螺纹的形成

螺纹是指在圆柱或圆锥表面，沿螺旋线所形成的具有相同端面的连续凸起和沟槽。在圆柱或圆锥外表面形成的螺纹称为外螺纹；在内表面形成的螺纹称为内螺纹。内、外螺纹成对使用，可用于各种机械连接、传递运动和动力。

工程上有许多制造螺纹的方法，图 6-131（a）为在车床上用外圆车刀加工外螺纹；图 6-131（b）为在车床上用内孔车刀加工内螺纹；图 6-132 为用麻花钻钻孔后，再用丝锥攻内螺纹。

认识螺纹及螺纹的画法

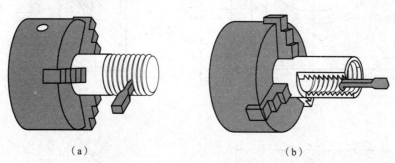

（a） （b）

图 6-131 车床上加工螺纹

（a）外圆车刀加工外螺纹；（b）内孔车刀加工内螺纹

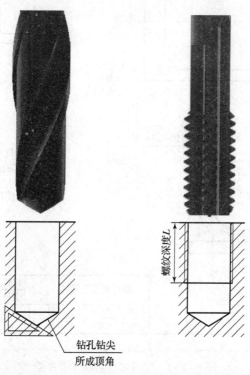

钻孔钻尖
所成顶角

图 6-132 麻花钻与丝锥加工内螺纹

（二）螺纹的基本要素

螺纹的基本要素有牙型、直径、螺距、线数和旋向。

1. 牙型

在通过螺纹轴线的断面上，螺纹的轮廓形状，称为螺纹牙型。常用的螺纹牙型有三角形、梯形、锯齿形、矩形等，如图 6-133 所示。

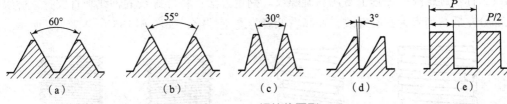

图 6-133　螺纹的牙型

（a）三角形螺纹；（b）管螺纹；（c）梯形螺纹；（d）锯齿形螺纹；（e）矩形螺纹

2. 直径

螺纹的直径有大径（d，D）、小径（d_1，D_1）和中径（d_2，D_2），外螺纹用相应的小写字母表示，内螺纹用相应的大写字母表示，如图 6-134 所示。

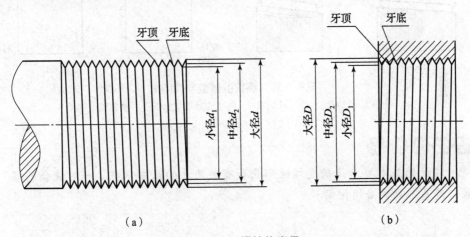

图 6-134　螺纹的直径

（a）外螺纹；（b）内螺纹

（1）大径：外螺纹牙顶或内螺纹牙底相切的假想圆柱面的直径（d 或 D），又为公称直径，是代表螺纹尺寸的直径。

（2）小径：外螺纹牙底或内螺纹牙顶相切的假想圆柱面的直径（d_1 或 D_1）。

（3）中径：通过牙型上沟槽和凸起宽度相等处的假想圆柱面的直径（d_2 或 D_2）。

3. 线数

螺纹有单线和多线之分。沿一条螺旋线形成的螺纹为单线螺纹，沿轴向分布的两条或多条螺旋线形成的螺纹称为多线螺纹。螺纹的线数用 n 表示。

4. 螺距和导程

螺距 P 是螺纹上相邻两牙在中径线上对应两点间的轴向距离；导程 P_h 是在同一螺旋线上，相邻两牙在中径线上对应两点间的轴向距离。

如图 6-135（a）、（b）所示，对于单线螺纹 $P_h=P$，对于多线螺纹 $P_h=nP$。

5. 旋向

螺纹有右旋和左旋之分，顺时针旋转时旋入的螺纹，称右旋螺纹；逆时针旋转时旋入的螺纹，称左旋螺纹。工程上常用右旋螺纹。判定方法：将外螺纹的轴线垂直放置，螺纹的可见部分左低右高者为右旋螺纹，左高右低者为左旋螺纹，如图 6-135（c）、（d）所示。

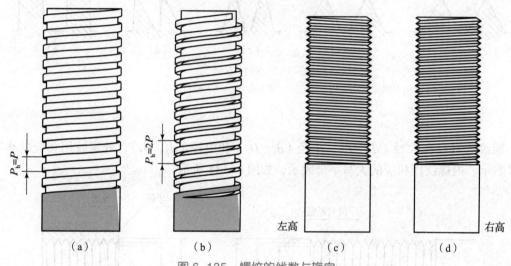

图 6-135　螺纹的线数与旋向

（a）单线螺纹；（b）双线螺纹；（c）左旋螺纹；（d）右旋螺纹

> **温馨小提示**
>
> 螺纹的基本要素是确定螺纹形状和有关尺寸的基本依据。一对旋合的螺纹，其基本要素必须相同。

（三）螺纹的规定画法

GB/T 4459.1—1995《机械制图　螺纹及螺纹紧固件表示法》规定了在机械图样中螺纹及螺纹连接的画法。

1. 外螺纹的画法

如图 6-136 所示，外螺纹的绘制要求如下。

（1）在非圆视图中，螺纹的牙顶（大径）用粗实线绘制，牙底（小径）用细实线绘制，需画到螺杆的倒角内。

（2）在垂直于螺纹轴线的投影面的视图中，螺纹的牙顶圆的投影用粗实线表示，牙底圆的投影用细实线表示，牙底圆的细实线只画约 3/4 圈（空出约 1/4 的位置不作规定），此时螺杆上的倒角投影不应画出。

（3）有效螺纹的终止线（简称螺纹终止线）用粗实线绘制。

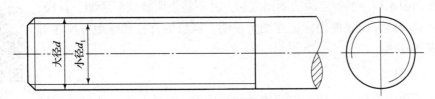

图 6-136　外螺纹的画法

2. 内螺纹的画法

如图 6-137 所示，内螺纹的绘制要求如下。

（1）在非圆视图中，螺纹的牙底（小径）用粗实线绘制，牙顶（大径）用细实线绘制，画至倒角线。

（2）在垂直于螺纹轴线的投影面的视图中，螺纹的牙顶圆的投影用粗实线表示，牙底圆的投影用细实线表示，牙底圆的细实线只画约 3/4 圈（空出约 1/4 的位置不作规定），倒角投影不画。

（3）有效螺纹的终止线（简称螺纹终止线）用粗实线绘制。

（4）剖视图中剖面线应画至粗实线处。

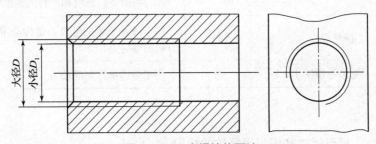

图 6-137　内螺纹的画法

3. 内、外螺纹连接的画法

用剖视图表示内、外螺纹的连接时，其旋合部分应按外螺纹的画法绘制，其余部分仍按照各自的画法绘制。图 6-138（a）为通孔零件的连接，图 6-138（b）为不通孔零件的连接。

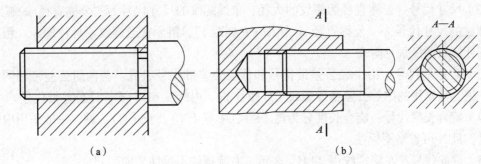

（a）　　　　　　　　　　　　　　　　　（b）

图 6-138　内、外螺纹连接的画法

（a）内螺纹为通孔时；（b）内螺纹为不通孔时

（四）螺纹的标注

螺纹按照国家标准的规定画法画出之后，并不能表明螺纹的牙型、直径、螺距、线数和旋向，需要使用标记在图上说明。螺纹的直径和螺距等尺寸可以查阅附表 A-1。

螺纹的标记

1. 螺纹的种类

螺纹按照用途可分为连接螺纹和传动螺纹两类，具体分类、代号与用途如表 6-11 所示。

表 6-11　螺纹的分类、代号与用途

螺纹种类			特征代号	用途说明
连接螺纹	普通螺纹	粗牙	M	用于一般螺纹的连接
		细牙		用于细小的精密或薄壁零件的连接
	55° 管螺纹	55° 非密封管螺纹	G	用于水管、油管、气管等薄壁管上管路的连接 Rp：圆柱内螺纹 Rc：圆锥内螺纹
		55° 密封管螺纹	Rp、Rc、R₁、R₂	R₁：与圆柱内螺纹相配合的圆柱外螺纹 R₂：与圆锥内螺纹相配合的圆锥外螺纹
传动螺纹	梯形螺纹		Tr	用于各种机床的丝杠，做传动用，可承受两个方向的轴向力
	锯齿形螺纹		B	用于传递单方向的动力

2. 螺纹的标记

1）普通螺纹、梯形螺纹和锯齿形螺纹的标记

普通螺纹、梯形螺纹和锯齿形螺纹的标记格式如下：

| 螺纹特征代号 | 公称直径 | × | 导程（螺距） | - | 公差带代号 | 旋合长度代号 | - | 旋向代号 |

（1）螺纹特征代号：普通螺纹为 M，梯形螺纹为 Tr，锯齿形螺纹为 B。

（2）尺寸代号：公称直径为螺纹的大径。单线螺纹的尺寸代号为"公称直径 × 螺距"；多线螺纹的尺寸代号为"公称直径 × 导程（P 螺距）"。粗牙普通螺纹不标注螺距。粗牙螺纹和细牙螺纹的区别见附表 A-1。

（3）公差带代号：由中径公差带代号和顶径公差带代号组成。若两组公差带相同，则只写一组。最常用的中等公差精度螺纹（外螺纹 6g、内螺纹 6H）不标注公差带代号。

（4）旋合长度代号：旋合长度分为短（S）、中等（N）、长（L）3 种，一般采用中等旋合长度，且 N 可省略不标注。

（5）旋向代号：左旋螺纹用"LH"表示，右旋螺纹不标注旋向。

【例 6-2】 解释 M10×1-5g6g-S-LH 的含义。

解：表示细牙普通螺纹，螺距为 1 mm，中径公差带为 5g，大径公差带为 6g，短旋合长度，左旋。

【例 6-3】 解释 B32×6-7e 的含义。

解：锯齿形螺纹，公称直径为 32 mm，螺距为 6 mm，中径、顶径公差带均为 7e，中等旋合长度，右旋。

【例 6-4】 已知细牙普通螺纹，公称直径为 20 mm，螺距为 1.5 mm，右旋，中径顶径公差带均为 7H，长旋合长度，试写出其标记。

解：标记为 M20×1.5-7H-L。

【例 6-5】 已知梯形螺纹，公称直径为 40 mm，双线螺纹，导程为 14 mm，螺距为 7 mm，左旋，中径、顶径公差为 7H，中等旋合长度，试写出其标记。

解：标记为 Tr40×14（P7）LH-7H。

2）管螺纹的标记

（1）55°密封管螺纹标记格式如下：

| 螺纹特征代号 | 尺寸代号 | 旋向代号 |

①螺纹特征代号：Rc 表示圆锥内螺纹，Rp 表示圆柱内螺纹，R_1 表示与圆柱内螺纹相配合的圆柱外螺纹，R_2 表示与圆锥内螺纹相配合的圆锥外螺纹。

②尺寸代号：用 ½，¾，1，1½，…表示，详见附表 A-2。

③旋向代号：与普通螺纹的标记相同。

温馨小提示

管螺纹的尺寸代号并非公称直径，也不是管螺纹本身的真实尺寸，其大径、小径及螺距等具体尺寸，需要通过查阅相关国家标准才能知道。

【例 6-6】 解释"Rp1½-LH"的含义。

解：表示圆柱内螺纹，尺寸代号为 1½（查表知，其大径为 47.803 mm，螺距为 2.309 mm），左旋。

（2）55°非密封管螺纹标记格式如下：

| 螺纹特征代号 | 尺寸代号 | 公差等级代号 | - | 旋向代号 |

①螺纹特征代号：用 G 表示。

②尺寸代号：用 ½，¾，1，1½，…表示，详见附表 A-3。

③公差等级代号：对外螺纹分 A、B 两级标记；因为内螺纹公差带只有一种，所以不加标记。

④旋向代号：当螺纹为左旋时，在外螺纹的公差等级代号之后加注"-LH"

【例 6-7】 已知 55°非密封圆柱外螺纹，尺寸代号½，公差等级为 A 级，右旋，试写出其标记。

解：标记为 G½A。

【例6-8】解释 G$\frac{1}{2}$的含义。

解：表示圆柱内螺纹，尺寸代号为$\frac{1}{2}$（查表知，其大径为20.955 mm，螺距为1.814 mm），右旋。

3. 螺纹的标注方法

普通螺纹、梯形螺纹和锯齿形螺纹的标注，应直接将标记注在大径的尺寸线或其引出线上，如图6-139所示；管螺纹的标记一律注写在引出线上，引出线应由大径处引出，如图6-140所示。

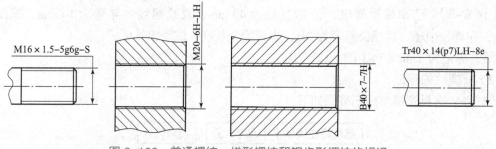

图6-139 普通螺纹、梯形螺纹和锯齿形螺纹的标记

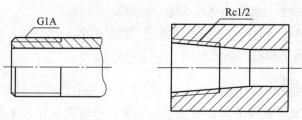

图6-140 管螺纹的标记

（五）螺纹的建模

1. 螺纹的创建

在 UG NX 12.0 中可以创建以下两种类型的螺纹。

（1）符号螺纹：以虚线圆的形式显示在要攻螺纹的一个或几个面上；

（2）详细螺纹：比符号螺纹看起来更真实，但由于其几何形状的复杂性，创建和更新都需要较长的时间。

在设计产品时，若需要制作产品的工程图，则应选择符号螺纹；若不需要制作产品的工程图，而是需要反映产品的真实结构，则应选择详细螺纹。

下面以图6-141所示的零件为例，说明在一个模型上创建螺纹特征的一般操作过程。

1）创建详细螺纹

（1）选择命令。选择菜单区"插入"→"设计特征"→"螺纹"命令，系统弹出"螺纹切削"对话框1，如图6-142所示。

（2）选取螺纹的类型，先选择"详细"单选项，进入"编辑螺纹"对话框，如图6-143所示。

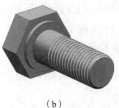
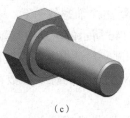

（a）　　　　　　　　　　　（b）　　　　　　　　　　　（c）

图 6-141　在零件上创建螺纹

（a）原零件；（b）创建详细螺纹；（c）创建符号螺纹

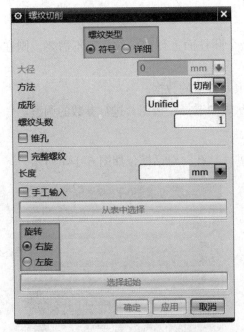
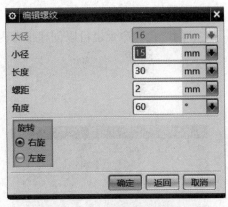

图 6-142　"螺纹切削"对话框 1　　　　　　　图 6-143　"编辑螺纹"对话框

（3）此时参数设置呈灰色，需首先定义螺纹的放置。第一步定义螺纹的放置面，选择要创建螺纹的圆柱面，系统自动生成螺纹的方向矢量，并弹出如图 6-144 所示的"螺纹切削"对话框 2；第二步定义螺纹的起始面，选择圆柱面的端面作为螺纹的起始面，如图 6-145 所示，单击"确定"按钮，返回"编辑螺纹"对话框。

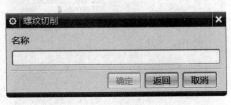

图 6-144　"螺纹切削"对话框 2　　　　　　　图 6-145　"螺纹切削"对话框 3

（4）定义螺纹的参数，单击"确定"按钮，完成详细螺纹特征的创建。

2）创建符号螺纹

（1）选择"螺纹"命令，在弹出的对话框中选择"符号"选项。

（2）如创建详细螺纹一致，选择螺纹的放置面和螺纹的起始面，单击"确定"按钮，返回如图 6-146 所示的"螺纹切削"对话框 4。

"螺纹切削"对话框 4 的设置说明如下。

①此时对话框中的螺纹参数，是选择放置面与起始面后自动调用配置文件中最匹配的螺纹参数。

②"方法"是指螺纹的加工方法，有"切削""研磨""铣削"和"轧制"，此处选择"切削"。

③"成形"是指螺纹的标准，国内常用 GB 193。

④"螺纹头数"即螺纹的线数。

⑤勾选"完整螺纹"复选框表示在所选择的整个圆柱面上创建螺纹；若不需要，则在下面的"长度"文本框中输入螺纹的长度即可。

⑥勾选"手工输入"复选框，可以在参数表中填入合适的数据。

⑦如果自动配置的数据不合适，还可以选择"从表中选择"按钮，进行参数的调整。

2. 螺纹孔的创建

利用"孔"命令也可以创建带有内螺纹的孔。进入"孔"对话框，如图 6-147 所示。

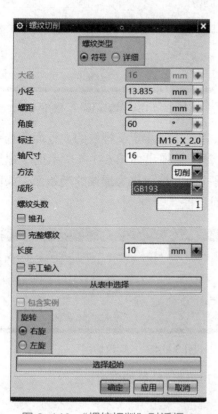

图 6-146 "螺纹切削"对话框 4

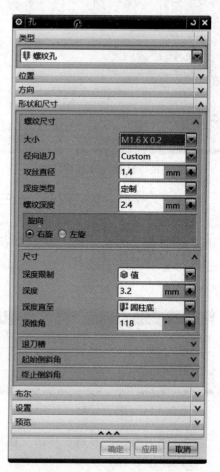

图 6-147 "孔"对话框

"孔"对话框设置说明如下（在设置之前需要在孔对话框的最下面"设置"中将标准修改为 G193）。

（1）"类型"设置为"螺纹孔"。

（2）"大小"后的下拉选项中选择螺纹的公称直径和螺距。

（3）"径向进刀"选择"Custom"，并应使"攻丝直径"介于螺纹孔大径和小径之间才能合适，否则会报错，一般为自动生成。

（4）"深度类型"为"定制"，可在"螺纹深度"中输入孔中内螺纹的深度。

（5）"尺寸"中是对孔的大小进行设置，这里的"深度"指整个孔的深度，但是不包括钻头钻削时 118° 的顶尖的深度。

（6）还有关于"退刀槽""倒斜角"等，可以根据需要进行相应的设置。

三、局部视图表达与创建技巧

（一）局部视图的表达

将机件的某一部分向基本投影面投影，所得到的视图叫做局部视图。当物体的主体形状已表达清楚，而只有部分外部结构没有表达清楚时，通常采用局部视图。

如图 6-148 所示机件，当画出其主俯视图后，只有两侧的凸台没有表达清楚。因此，只需要画出表达该部分的局部左视图和局部右视图。

局部视图的断裂边界用波浪线画出，当所表达的局部结构是完整的，且外轮廓又成封闭时，波浪线可以省略，如图 6-148 中的局部视图 B。

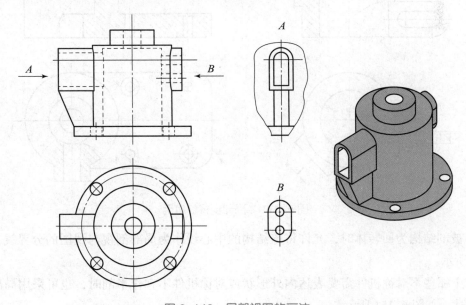

图 6-148　局部视图的画法

画图时，一般应在局部视图上方标上视图的名称"X"（"X"为大写斜体拉丁字母），在相应的视图附近用箭头指明投影方向，并注上同样的字母。当局部视图按投影关系配置，中间又无其他图形隔开时，可省略标注。局部视图可按基本视图的配置形式配置，如图 6-148 的局部视图 *A*，也可按向视图的配置形式配置并标注。

（二）局部视图的创建技巧

在 UG NX 12.0 中创建局部视图时，首先按照基本视图的创建方式创建出完整投影，然后再通过修改"边界"的方法保留局部，形成局部视图。操作比较简单，这里就不详细说明操作过程。

四、局部剖视图表达及创建方法

（一）局部剖视图的表达方法

用剖切面局部地剖开物体所得到的剖视图称为局部剖视图，如图 6-149 所示。局部剖视图可表达机件上的局部内形，主要用于机件上的部分内部结构形状未表达清楚，但又没有必要作全剖视或不适合作半剖视的情况。

局部剖视图的表达方法

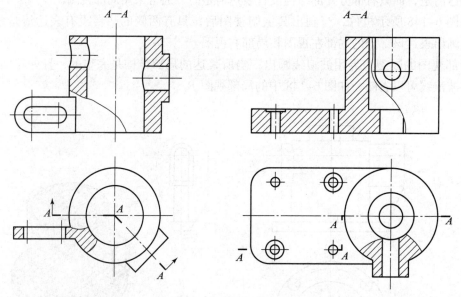

图 6-149　局部剖视的应用

当被剖结构为回转体时，允许将该结构的中心线作为局部剖视与视图的分界线，如图 6-150 所示。

对于那些不对称机件需要表达内外形状或对称机件不宜作半剖时，也可采用局部剖视图来表达，如图 6-151 所示。

局部剖视的范围可大可小，非常灵活。但对于同一机件的表达，局部剖视不宜用得过多，否则会使机件表达显得过于零乱，影响图形的清晰。

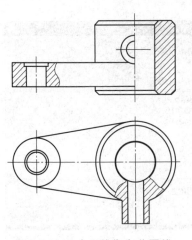

图 6-150　中心线作为分界线

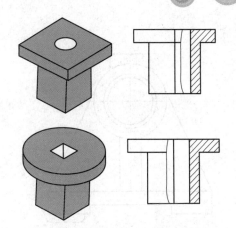

图 6-151　不宜作半剖视图的机件

（二）局部剖视图的创建技巧

如图 6-152 所示，若要用局部剖视图的方法表示轴承座底板上的两个孔，具体的操作步骤如下。

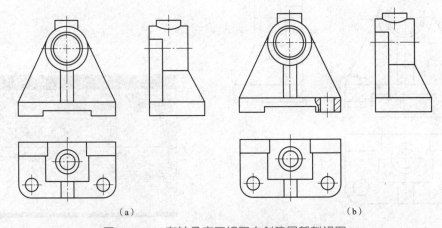

　　　　　　　　（a）　　　　　　　　　　　　　　　　　　（b）

图 6-152　在轴承座三视图中创建局部剖视图

（1）选择需要创建局部剖视图的视图，右击，选择"活动草图视图"。

（2）选择绘制草图命令中的"艺术样条"，绘制如图 6-153 所示的样条曲线，刚好将需要进行局部剖切的特征包围起来，然后完成草图。

（3）选择菜单区"插入"→"视图"→"局部剖"命令，或直接在功能区选择"局部剖"　　图标，系统弹出如图 6-154 所示的"局部剖"对话框，按以下步骤逐步进行选择。

局部剖视图的
表达方法

①选择需要创建局部剖的视图，本例中选择主视图。

②选择对象以确定进行剖切的位置和方向。此时，需要借助另外一个视图来帮助完成，在本例中要看到底板上孔的结构，作局部剖时是剖切掉的在孔前方的零件部分，所以可以在俯视图中将底板上孔的圆心作为基点，如图 6-155 所示，图中箭头的意思为做局部剖视图时剖切掉的材料方向。

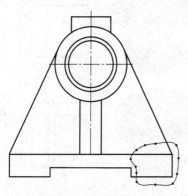

图 6-153　绘制样条曲线

图 6-154　"局部剖"对话框

③将对话框切换至"选择曲线"，如图 6-156 所示，即选择用样条曲线绘制的剖切部分曲线。单击"应用"按钮，便完成了局部剖视图的创建。

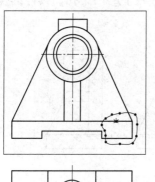
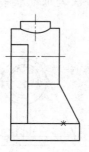

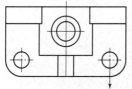

图 6-155　局部剖方向选择

图 6-156　局部剖曲线选择

任务实施

泵体的三维建模和零件图创建步骤如下。

根据泵体的结构特点，选择反映泵体形状特征最明显的方向作为主视图的投射方向。主视图还采用 3 处局部剖视，这样不仅能表达泵体空腔形状以及与空腔相通的进、出油孔，同时也能反映销孔、螺孔的分布以及底座上沉孔的形状。为了表达泵体的厚度、主动轴和从动轴的中心距尺寸，以及销孔和螺孔的位置，可选择一个全剖视的左视图。

泵体的三维建模和零件图如图 6-157 所示，详细创建步骤，请扫描右侧的二维码，参考微课视频。

泵体的三维建模
和零件图

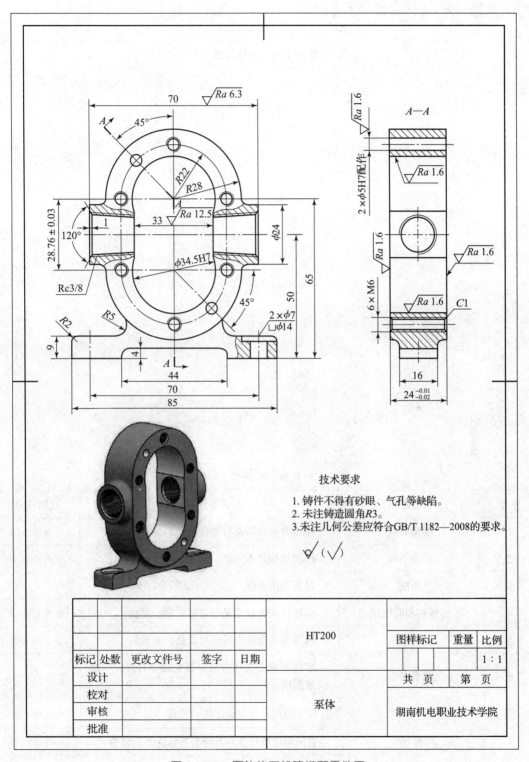

图 6-157　泵体的三维建模和零件图

知 识 梳 理 与 任 务 评 价

绘制本任务思维导图

任务评价细则			
序号	评分项目	评分细则	星级评分
1	模型方位	模型方位是否符合零件投影的要求	☆☆☆☆☆
2	模型结构	模型结构是否完整，尺寸是否正确	☆☆☆☆☆
3	图框	是否调用图框	☆☆☆☆☆
4	标题栏和明细栏	标题栏和明细栏是否填写正确、完整	☆☆☆☆☆
5	视图布局	视图布局是否合适，布局是否美观	☆☆☆☆☆
6	图形表达	零件图视图表达方法是否正确、合理、不缺线或漏线	☆☆☆☆☆
7	标注	尺寸与尺寸公差标注是否完整	☆☆☆☆☆
		表面粗糙度标注与几何公差标注是否完整	☆☆☆☆☆
		技术要求标注是否合理	☆☆☆☆☆
总评			☆☆☆☆☆

项目七 齿轮泵的装配与制图

一个产品（组件）往往是由多个部件组合（装配）而成的，每个部件也由机器上的最小单元零件按特定设计关系装配而成。组件或产品的虚拟装配与装配图制定是指导生产的重要技术文件，在机器或部件的设计、零件设计、整机的装配、调试、使用和维修中都发挥着重要的作用。尤其是在现代先进企业当中，随着数字化智能工厂中信息管理系统的普及，数字传输的产品三维装配信息能让装配者更直观更清晰地了解各零部件之间的装配关系，提高装配效率。

任务一　齿轮泵的虚拟装配

任务引入

图 7-1 为齿轮泵的三维装配模型。前面的课程中，我们以齿轮泵中的 4 种典型零件为载体，介绍了单个零件的建模与图样表达方法，本任务将通过完成齿轮泵的三维装配，介绍在 UG NX 12.0 中完成装配体的装配方法，进一步了解齿轮泵的结构和零部件之间的连接关系。

图 7-1　齿轮泵三维装配模型

● 知识目标

1. 了解三维齿轮泵的结构和工作原理。

2. 熟悉 UG NX 12.0 的装配环境，了解自下而上和自上而下的装配方法。

3. 掌握自下而上的装配步骤和装配命令。

4. 掌握 UG NX 12.0 中重用库中标准件的使用方法。

● 能力目标

1. 能理清齿轮泵的装配思路。

2. 能正确使用重用库中的标准件模型进行装配。

3. 能按照自下而上的装配路线创建出齿轮泵的装配模型。

相关知识

一、齿轮泵的结构和工作原理

齿轮泵是一种在供油系统中为机器提供润滑油的部件，它通过油泵内部的一对齿轮实现输油功能，是应用最广泛的一种齿轮油泵。

根据图 7-2 所示的齿轮泵内部结构图可知，齿轮泵主要由主动齿轮、从动齿轮、泵体、泵盖和安全阀等组成。泵体、泵盖和齿轮构成的密封空间，就是齿轮泵的工作室。齿轮泵工作时，主动齿轮随电动机一起旋转，并带动从动齿轮跟着旋转，当吸入室一侧的啮合齿逐渐分开时，吸入室容积增大，压力降低，将吸入管中的液体吸入泵内。吸入液体分两路在齿槽内被齿轮推动到排出室。液体进入排出室后，由于两个齿轮的轮齿不断啮合，使液体受挤压而从排出室进入排出管。

齿轮泵结构和
工作原理

图 7-2 齿轮泵内部结构图

主动齿轮和从动齿轮不停地旋转，齿轮泵就能连续不断地吸入和排出液体。这种齿轮泵结构简单，质量轻，造价低，工作可靠，其爆炸图如图7-3所示。

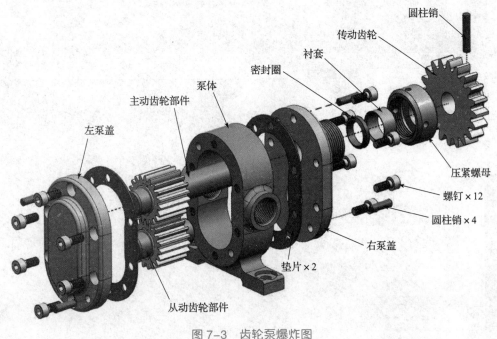

图 7-3　齿轮泵爆炸图

二、UG NX 12.0 装配的基本操作

在 UG NX 12.0 中，部件的装配是在装配模块中完成的。在装配模块中可以清晰查询、修改和删除组件及约束；装配模块提供了强大的装配爆炸图工具，可以方便地生成装配体的爆炸图；装配模块还提供了8种约束方式，通过对组件添加多个约束，可以准确地把组件装配到位。

（一）装配环境介绍

创建装配体，首先需要新建一个装配文件，在"新建"对话框中选择"装配文件"，默认的文件名为"_asm2.prt"格式，单击"确定"按钮便创建了一个装配文件。在功能区点开"装配"选项卡，如图7-4所示。

从左往右，在装配中常用的选项说明如下。

（1）查找组件 ：用于查找组件，单击此按钮，系统弹出"查找组件"对话框，利用该对话框中的"按名称""根据状态""按大小"等5个选项卡可以查找组件。

（2）添加组件 ：用于在现有装配体中加入组件，是装配中使用率最高的命令，用户可以选择在添加组件的同时定位组件，设定与其他组件的装配约束，也可以不设定装配约束。

（3）新建组件 ：用于创建新的组件，并将其添加到装配中。

（4）阵列组件 ：用于创建组件阵列，对于含有一系列均布排列的同类组件使用此命令可提高装配效率。

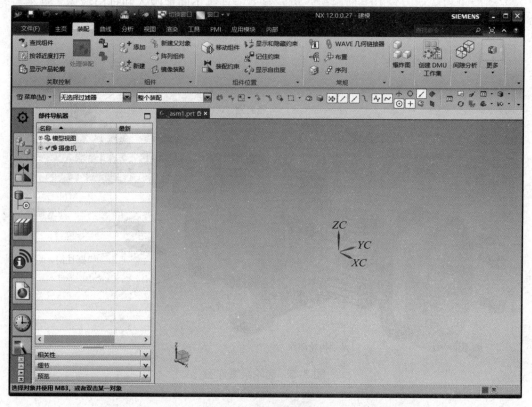

图 7-4 "装配"选项卡

（5）镜像装配 ：用于镜像装配，对于含有很多组件的对称装配，此命令是很有用的，只需要装配一侧的组件，然后进行镜像即可。

（6）移动组件 ：用于移动已导入装配体中，但还没有进行约束的组件至合适的位置。

（7）装配约束 ：用于在装配体中添加装配约束，使整个零部件装配到合适的位置。

（二）装配的一般过程

部件的装配一般有两种基本方式：自底向上装配和自顶向下装配。

（1）自底向上装配：在装配造型之前，首先独立设计所有零部件，然后将零部件插入装配体，并根据零件的配合关系，将其组装在一起。因此，零部件之间的相互关系简单明了，且装配容易，这种设计方法使设计者更专注于单个零件的设计。

（2）自顶向下装配：此方法从装配体中开始设计工作，先对产品进行整体描述，然后分解成各个零部件，再按顺序将部件分解成更小的零部件，直到分解成最底层的零件。这种设计次序一般是先布局草图，然后定义零部件位置、基准面等，最后参考这些定义来设计零件，这种方法让设计者更专注于其完成的功能。

下面以如图 7-5 的简单部件装配为例，介绍自底向上的装配过程。

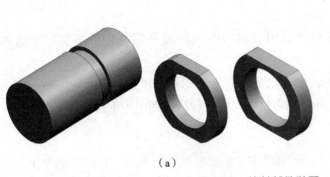
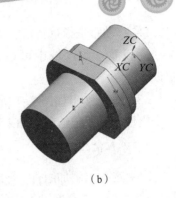

（a）　　　　　　　　　　　　　　　（b）

图 7-5　简单部件装配

1. 新建装配文件

在"新建"对话框中选择"装配"模板，修改文件名为"装配体 .prt"，修改文件保存路径，单击"确定"按钮打开装配界面。

2. 添加第一个部件

（1）选择"添加组件" 命令，系统弹出如图 7-6 所示的"添加组件"对话框，在对话框中单击"打开" 按钮，选择文件夹中的"轴 .prt"模型文件，然后单击 OK 按钮。

（2）定义放置位置。在"添加组件"对话框"位置"区域的"装配位置"下拉列表中选择"绝对坐标系 – 显示部件"选项，放置区域选择"移动"，单击"确定"按钮。

"添加组件"对话框设置说明如下。

①要放置的部件：用于添加"已加载的部件"或"打开"新的部件。"数量"后的文本框中可输入重复装配部件的个数。

②位置：该区域是对加载的部件进行定位。

a. 组件锚点：默认为"绝对坐标系"。

b. 装配位置："对齐"是指选择位置来定义坐标系；"绝对坐标系 – 工作部件"是指将组件放置到当前工作部件的绝对原点；"绝对坐标系 – 显示部件"是指将组件放置到显示装配的绝对原点；"工作坐标系"是指将组件放置到工作坐标系。通常选择"绝对坐标系 – 显示部件"。

c. 循环定向：改变组件的位置及方向。

③放置：该区域是对加载的部件进行放置。

a. 约束：是指在把添加组件和添加约束放在一个命令中进行，选择该选项后单击"应用"按钮，则直接进入到"装配约束"界面。

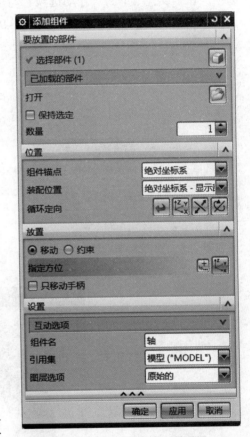

图 7-6　"添加组件"对话框

b. 移动：是指重新指定载入部件的位置。

　　④设置：此区域中可以设置部件的组件名、引用集或图层选项。不需要则可不做更改。

　　（3）系统弹出如图7-7所示的"创建固定约束"对话框，单击"是（Y）"按钮，为第一个组件创建固定约束。如果系统未弹出对话框，可自行进行固定约束的创建。

　　3. 添加第二个部件

　　（1）选择"添加组件" 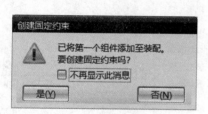 命令，系统弹出"添加组件"对话框，在对话框中单击"打开" 按钮，选择文件夹中的"零件1.prt"模型文件，然后单击OK按钮。

　　（2）定义放置位置。如图7-8所示，在"添加组件"对话框"放置"区域选择"约束"选项，在"设置"下的"互动选项"勾选"启用预览窗口"。此时，在窗口的右下角便出现了一个添加新组件的预览窗口，如图7-9所示。

图7-7　"创建固定约束"对话框

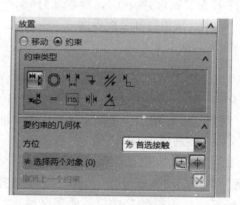

图7-8　定义放置位置

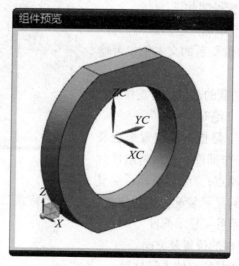

图7-9　"组件预览"窗口

约束类型说明如表 7-1 所示（与约束对话框中的约束类型一致）。

表 7-1 约束类型说明

序号	图标	名称	说明
1		接触对齐	用于将两个组件彼此接触或对齐。"要约束的几何体"区域"方位"下拉列表中有 4 个选项。 （1）首选接触：当接触和对齐约束都可能时，优先使用接触约束； （2）接触：约束对象反向接触，即曲面法向方向相反； （3）对齐：约束对象同向对齐，即曲面法向方向相同； （4）自动判断中心 / 轴：该选项主要用于定义回转体同轴约束
2		同心	用于定义两个组件的圆形边界中心重合，从而会使边界的面共面
3		距离	用于设定两个接触对象间的最小距离。选择该选项并选定接触对象后，"距离"区域后的文本框会被激活，可以直接输入数值
4		固定	用于将组件固定在其当量位置，一般用在第一个装配组件上
5		平行	用于使两个对象的矢量方向平行
6		垂直	用于使两个对象的矢量方向垂直
7		对齐 / 锁定	用于使两个对象的边线或轴线重合
8		适合窗口	用于定义将半径相等的两个圆柱面拟合在一起，对确定孔中销和螺钉的位置很有用
9		胶合	用于将对象约束到一起以使它们作为刚体移动
10		中心	用于使一对对象之间的一个或两个对象居中，或使一对对象沿另一个对象居中
11		角度	用于约束两对象之间的旋转角

（3）选择"约束类型"为"接触对齐"，选择"方位"为"自动判断中心 / 轴"，再在图形区分别选择如图 7-10 所示的轴的外圆面和零件 1 的圆周面，使得零件 1 与轴同轴。

图 7-10　约束两零件轴线对齐

（4）继续选择"约束类型"为"接触对齐"，选择"方位"为"接触"，在图形区分别选择如图 7-11 所示的轴与零件 1 上的两个面相接触。装配组件完成零件 1 的装配，如图 7-12 所示。最后单击"确定"按钮，效果如图 7-13 所示。

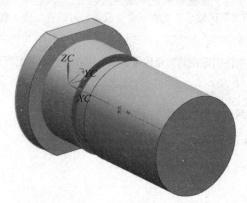

图 7-11　约束两零件面接触

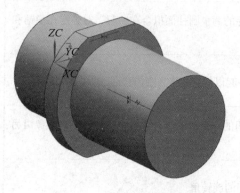

图 7-12　零件 1 约束完成

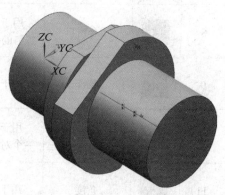

图 7-13　约束零件 1 与 2 面接触

4. 添加第三个部件

（1）选择"添加组件"命令，系统弹出"添加组件"对话框，在对话框中单击"打开"按钮，选择文件夹中的"零件 2.prt"模型文件，然后单击 OK 按钮。

（2）定义放置位置。在"添加组件"对话框"放置"区域选择"约束"选项，在"设置"下的"互动选项"勾选"启用预览窗口"。

（3）选择"约束类型"为"接触对齐"，选择"方位"为"自动判断中心/轴"，使零件2与轴同轴。

（4）继续选择"约束类型"为"接触对齐"，选择"方位"为"接触"，使零件1与零件2接触，如图7-14所示。

（5）继续选择"约束类型"为"接触对齐"，选择"方位"为"对齐"，使零件1与零件2上的两个平面对齐，如图7-15所示，单击"确定"按钮，完成零件2的装配。

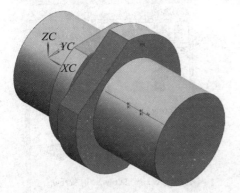
图7-14　约束零件1与2接触

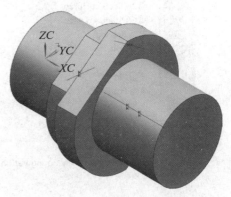
图7-15　零件2约束完成

温馨小提示

装配时也可先将组件移动到合适的位置，确定后，再打开"装配约束"命令进行组件的约束，操作方法与在"添加组件"对话框中的约束操作一致。

（三）重用库

在装配部件时，除了有轴、齿轮、端盖或箱体等主要零件的装配外，还有很多标准件的装配，如螺栓、螺钉、螺母、垫圈、销等连接件。UG NX 12.0提供了这类国家标准件的三维模型，在软件中直接调用合适的标准件便能装配在部件中。

在UG NX 12.0界面左侧的资源工具条中，选择如图7-16所示的"重用库"图标，在列表中选择GB Standard Parts，其中包括Bearing（轴承）、Bolt（螺栓）、Nut（螺母）、Pin（销）、Screw（螺钉）、Washer（垫圈），根据名称便可在重用库中找到所需的零件。

以调用一个螺钉为例，标准件的调用步骤如下。

如图7-17所示，选择Screw → Cheese Head，也可在"搜索"下面的文本框中直接输入所要查找标准件的代号。

在成员选择中选择螺钉型号，按住鼠标左键拖拽至图形区，打开如图7-18"添加可重用组件"对话框，也是标准件定义对话框，在对话框中可以看到现有螺钉的详细参数。

在对话框中"主参数"下的下拉选项中可以进一步选择所需添加螺钉的大小和长度，完成后单击"确定"按钮即可，图形区便出现了调用的螺钉模型，如图7-19所示。

调用后的模型需要进行装配约束将其装配到组件当中。

图 7-16　UG NX 12.0 重用库标准件列表

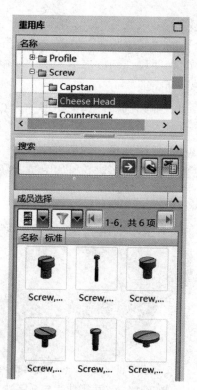

图 7-17　重用库标准件选择

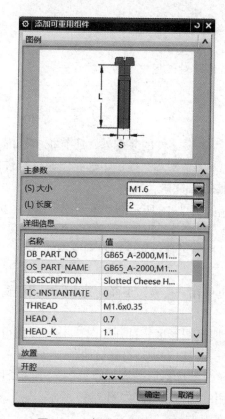

图 7-18　标准件定义对话框

图 7-19　重用库中调用的标准螺钉

任务实施 >>>

齿轮泵中包括 16 种，共 35 个零件，模型装配分两步来完成。

第一步是传动轴系与支撑轴系的装配。

（1）主动轴系装配：以传动轴为基准零件，依次安装上一侧弹性挡圈、平键、齿轮和另一侧弹性挡圈，如图 7-20 所示。

主动轴系装配

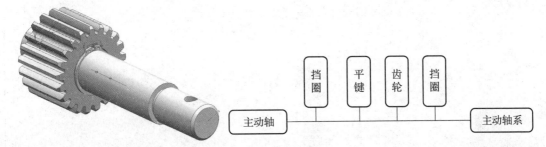

图 7-20　齿轮泵主动轴系装配顺序

（2）从动轴系装配：以从动轴为基准零件，依次安装上一侧弹性挡圈、平键、齿轮和另一侧弹性挡圈，如图 7-21 所示。

第二步是齿轮泵的整体装配，装配顺序如图 7-22 所示。

从动轴系装配

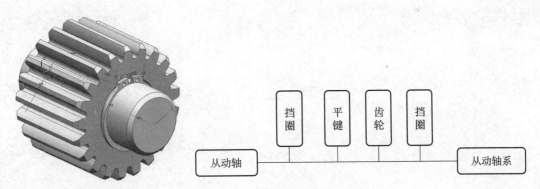

图 7-21　齿轮泵支撑轴系装配顺序

总装配

图 7-22　齿轮泵总装顺序

详细的装配方法，可扫描上页右侧的二维码，观看微课视频，按照视频逐步完成齿轮泵的虚拟装配。

知 识 梳 理 与 任 务 评 价

绘制本任务思维导图

任务评价细则			
序号	评分项目	评分细则	评星
1	装配关系	各零件之间的装配关系是否正确，是否发生干涉	☆ ☆ ☆ ☆ ☆
2	装配零件数量	装配体中的零件数量是否齐全	☆ ☆ ☆ ☆ ☆
3	图框	零件符号是否正确	☆ ☆ ☆ ☆ ☆
总评			☆ ☆ ☆ ☆ ☆

拓展提升

　　爆炸图是指在同一幅图里，把装配体的组件拆分开，使各组件之间分开一定的距离，清楚反映装配体中的每个组件，以及装配体的结构。UG NX 12.0 具有强大的爆炸图功能，用户可以方便地建立、编辑和删除一个或多个爆炸图。爆炸图的创建与编辑步骤如下。

爆炸图的创建

　　（1）打开装配文件。

　　（2）选择命令。在装配功能选项卡中单击"爆炸图"选项，系统弹出如图 7-23 所示的爆炸图工具栏。选择"新建爆炸"命令，系统弹出如图 7-24 所示的"新建爆炸"对话框。

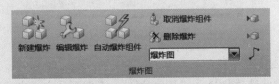

图 7-23　爆炸图工具栏

图 7-24　"新建爆炸"对话框

　　（3）新建爆炸图。在"新建爆炸"对话框中"名称"下的文本框输入爆炸图名称，也可以接收系统默认的名称，单击"确定"按钮，完成爆炸图创建。

　　（4）编辑爆炸图。爆炸图创建完成后，就产生了一个待编辑的爆炸图，虽然在图形区中的图形并没有发生变化，但是此时爆炸图编辑工具被激活，可以编辑爆炸图。

　　（5）自动编辑爆炸图。选择"自动爆炸组件"，在图形区选择需要爆炸的零件，单击"确定"按钮，弹出如图 7-25 所示的"自动爆炸组件"对话框，在"距离"文本框中输入各组件分开的距离，单击"确定"按钮，系统便能自动将该组件从部件中爆炸出来。

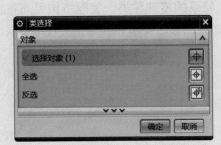

图 7-25　选择自动爆炸组件

（6）手动编辑爆炸图。选择"编辑爆炸"命令，系统弹出如图7-26所示的"编辑爆炸"对话框。

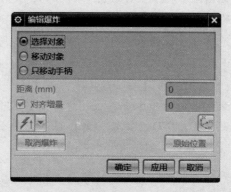

图7-26 "编辑爆炸"对话框

（7）在图形区选择需要移动的对象。

（8）在对话框中将选项切换至"移动对象"。在图形区中选中的组件上会出现一个移动手柄，单击移动手柄输入移动距离或者直接拖动移动手柄，组件便会移动出部件中。

（9）依次对部件中的所有组件进行编辑爆炸，将各组件均移动到合适的位置，便手动创建出了爆炸图。

（10）隐藏和显示爆炸图。如果当前视图为爆炸图，选择下拉菜单"装配"→"爆炸图"→"隐藏爆炸"命令，便能将视图切换到无爆炸图状态。

（11）如果要显示隐藏的爆炸图，选择下拉菜单"装配"→"爆炸图"→"显示爆炸"命令，便能将视图切换到爆炸图。

任务二　齿轮泵的装配图创建

任务引入

完成齿轮泵的模型虚拟装配后，我们对齿轮泵的零件种类、装配结构更加熟悉。本任务通过完成齿轮泵装配图创建，介绍装配图中的视图表达要求和其他相关技术要求。

学习目标

● 知识目标

1. 理解装配图的作用和内容。
2. 掌握装配图的表达方法。
3. 掌握通用件的表达与标记。
4. 掌握零件的典型工艺结构。

- **能力目标**
1. 能识读中等复杂部件的装配图。
2. 能创建中等复杂部件的装配图。

 相关知识

一、装配图的作用与内容

（一）装配图的作用

在设计机器的过程中，一般要先画出它的装配图，然后根据装配图所提供的的信息画零件图。装配图是设计者表达设计意图、生产者按图纸生产的重要技术文件，具有重要的作用。

（1）要根据装配图把各个零件装配成可实现某种功能的机器。

（2）要根据装配图调整、检验、安装、使用或维修机器。

（3）装配图主要表达机器或部件的结构形状、装配关系（如零件的相对位置、配合关系、连接方式等），以及机器或部件的工作原理和技术要求。

（二）装配图的内容

图7-27为滑动轴承的装配图。可见，装配图中应具有以下主要内容。

（1）一组视图：采用正确的表达方法，正确表达机器或部件的结构、组成机器或部件的零件的主要结构形状、零件之间的装配关系等内容。

（2）一组尺寸：标注机器或部件的性能、规格，以及装配、安装、检验时所需的一些重要尺寸。

装配图的尺寸
标注和技术要求

（3）技术要求：用符号或文字说明部件在装配、安装、检验、调试以及运行时必须满足的条件要求。

（4）零件序号和明细栏：在装配图中需要对每种零件进行编号，并在明细栏中说明各零件的名称、数量、材料等相关信息。

（5）标题栏：在标题栏中注明装配图的名称、图号、绘图比例及设计、校核、审核等相关人员的签名等内容。

二、装配图的表达方法

在零件图上所采用的各种表达方法，如基本视图、剖视图、断面图、局部视图、局部放大图等也同样适用于画装配图。而装配图需要表达多个零件之间的装配关系，与零件图表达时的侧重点不同，因此国家标准中对装配图制定了规定画法与特殊画法。

装配图的表达
方法

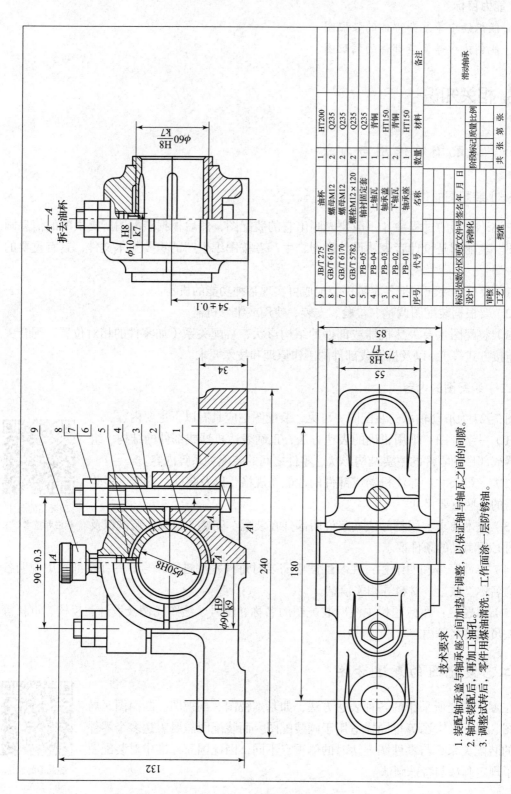

序号	代号	名称	数量	材料	备注
9	JB/T 275	油杯	1	HT200	滑动轴承
8	GB/T 6176	螺母M12	2	Q235	
7	GB/T 6170	螺母M12	2	Q235	
6	GB/T 5782	螺栓M12×120	2	Q235	
5	PB-05	轴封固定套	1	青铜	
4	PB-04	上轴瓦	1	HT150	
3	PB-03	轴承盖	1	青铜	
2	PB-02	下轴瓦	2	HT150	
1	PB-01	轴承座	1		

标记 处数 分区 更改文件号 签名 年 月 日

设计		标准化		阶段标记	质量	比例
审核						
工艺		批准		共 张	第 张	

技术要求

1. 装配轴承盖与轴承座之间加垫片调整, 以保证轴与轴瓦之间的间隙。

2. 轴承装配后, 再加工油孔。

3. 调整试转后, 零件用煤油清洗, 工作面涂一层防锈油。

图 7-27　滑动轴承装配图

1. 规定画法

1）相邻两零件的画法

相邻两零件的接触表面和配合表面只画一条线；不接触表面和非配合表面画两条线；若空隙很小可夸大表示，如图 7-28 所示。

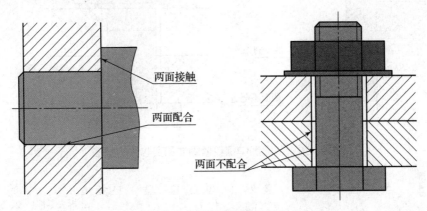

图 7-28 相邻两零件的画法

2）装配图中剖面线的画法

如图 7-29 所示，在剖视图或断面图中，相邻两零件的剖面线倾斜方向不同或间隔不同，以示区别；但同一零件在各视图上的剖面线应"三同"，即同方向、同角度、同间隔；零件厚度小于或等于 2 mm，剖切时允许涂黑代替剖面线。

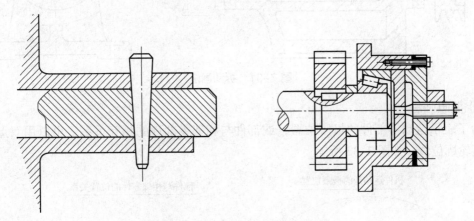

图 7-29 装配图中剖面线的画法

3）螺纹紧固件及实心件的画法

如图 7-30 所示，当纵向剖切，且剖切平面通过标准件和实心件的对称平面，或与对称平面相平行的平面或轴线时，标准件和实心件按不剖画。

2. 特殊画法

1）拆卸画法

当某些零件遮住了需要表达的结构和装配关系时，可假想将某些零件拆卸后绘制，但应在图上方注明"拆去 ××"，拆卸范围可根据需要选择半拆、全拆、局部拆，如图 7-31 所示。

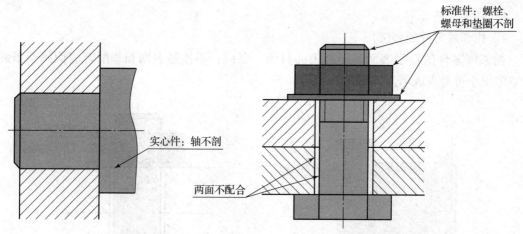

图 7-30　装配图中螺纹紧固件和实心件的画法

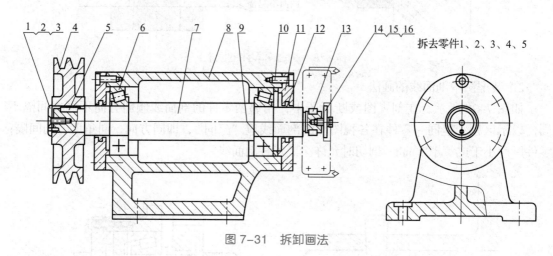

图 7-31　拆卸画法

2）假想画法

为了表示运动零部件的极限位置，或部件与相邻零部件的相互关系，可以用双点画线画出其轮廓位置，如图 7-32 所示。

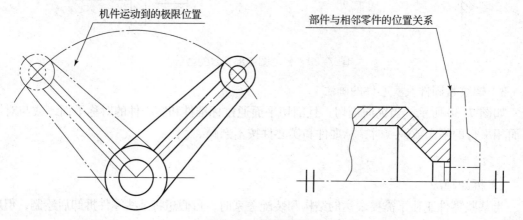

图 7-32　假想画法

3）简化画法

如图7-33所示，零件的工艺结构可不画出，工艺结构有圆角、倒角、退刀槽、越程槽、滚花等。滚动轴承、螺栓连接、螺钉连接等可采用简化画法。对于若干相同的零件组，可详细地画出一组或几组，其余用细点画线表示其装配位置即可。

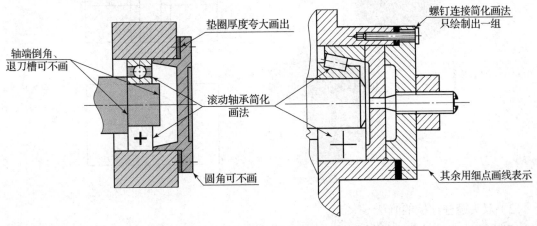

图7-33　简化画法

4）夸大画法

对薄垫片零件、细丝弹簧、微小间隙等，若按它们的实际尺寸在装配图中很难画出或难以明显表达时，都可不按比例而适当夸大画出。

三、通用件的表达与标记

（一）螺纹紧固件的表达与标记

1. 螺纹紧固件的表达

螺纹紧固件连接的基本形式有：螺栓连接、双头螺柱连接、螺钉连接。在任意装配图，螺纹紧固件连接都是必不可少的结构。螺纹紧固件表达的基本规定如下。

螺纹紧固件的
表达与标记

（1）在剖视图中，若剖切平面通过螺杆的轴线时，这些紧固件按不剖绘制。

（2）螺纹紧固件的工艺结构，如倒角、退刀槽、缩颈、凸肩等均可省略不画。

（3）在装配图中，不通孔的螺纹孔可不画出钻孔深度，按有效螺纹部分的深度（不包括螺尾）画出。

1）螺栓连接的画法

螺栓连接常用的紧固件有螺栓、螺母、垫圈，适用于被连接件都不太厚，能加工成通孔且要求连接力较大的情况。先在被连接零件上加工通孔，孔径应大于螺栓直径，将螺栓穿过两连接件的通孔，加上垫圈，拧紧螺母，即完成螺栓连接，如图7-34所示。

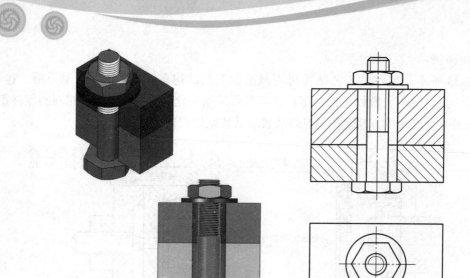

图 7-34　螺栓连接的画法

2）双头螺柱连接的画法

双头螺柱连接常用于两被连接件之一较厚，而不宜钻通的情况。通常在较薄的零件上钻通孔，其直径比双头螺柱的大径大（≈ 1.1d），在较厚零件上则加工出螺孔。双头螺柱的两端都有螺纹，一端旋入较厚零件的螺孔中，称旋入端；另一端穿过较薄零件上的通孔，再套上垫圈，用螺母拧紧，称紧固端。当采用弹簧垫圈时其斜口可画成与水平线成60°，开槽宽度 m=0.1d，斜口方向为顺着螺母旋进的方向，如图 7-35 所示。

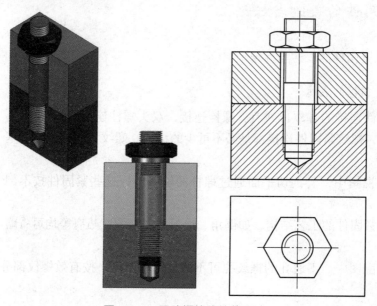

图 7-35　双头螺柱连接的画法

3）螺钉连接的画法

螺钉连接不用螺母，一般用于受力不大而又不需要经常拆卸的地方。被连接零件中一个加工出螺孔，另一个加工出通孔。

装配图中螺钉连接表达时应注意以下几个问题：

（1）螺钉上的螺纹终止线应高于两零件的接触面，以保证两个被连接的零件能够被旋紧；

（2）螺钉头部的一字槽画出或用粗实线（宽约 2d，d 为粗实线线宽）表示，在垂直于螺钉轴线的视图中一律向右倾斜 45° 画出，如图 7–36 所示。

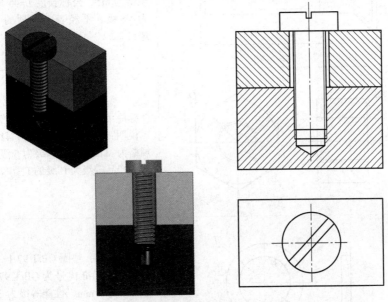

图 7–36　紧定螺钉连接

2. 螺纹紧固件的标记

螺纹紧固件的规定标记为：名称、标准代号和型号规格。完整的标记方法可参考 GB/T 1237—2000《紧固件标记方法》。

表 7–2 中列举了常用螺纹紧固件的标记示例。

表 7–2　常用螺纹紧固件的标记示例

名称	画法及规格尺寸	标记示例及说明
六角头螺栓		标注示例：螺栓 GB/T 5780 M12×80 说明：标准代号为 GB/T 5780—2016，螺纹规格为 M12、公称长度 L=80 mm、性能等级为 4.8 级、表面不经处理、产品等级为 C 级的六角头螺栓
双头螺柱		标注示例：螺柱 GB/T 899 M12×40 说明：标准代号为 GB/T 899—1988，螺纹规格为 M12、L=50 mm、性能等级为 4.8 级、不经表面处理的双头螺柱

名称	画法及规格尺寸	标记示例及说明
螺钉		标注示例：螺钉 GB/T 68 M5 × 45 说明：标准代号为 GB/T 68—2016，螺纹规格为 M5、公称长度 L=45 mm、性能等级为 4.8 级、不经表面处理的 A 级开槽沉头螺钉
六角螺母		标注示例：螺母 GB/T 41—2016 M12 说明：标准代号为 GB/T 41—2016，螺纹规格为 M12、性能等级为 5 级、表面不经处理、产品等级为 C 级的 I 型六角螺母
垫圈		标注示例：垫圈 GB/T 97.1—2002 8 说明：标准代号为 GB/T 97.1—2002，公称规格为 8 mm、性能等级为 300 HV、表面氧化、产品等级为 A 级的平垫圈的标记

（二）键与销的表达与标记

1. 键连接

键是标准件，通常用于连接轴与轴上的传动零件（如齿轮、带轮等），起传递转矩的作用，如图 7-37 所示。

键与销的表达与标记

图 7-37　键连接

常用键有普通平键、半圆形键和钩头楔键，其结构形状、规格尺寸及键槽尺寸等可从标准中查出。

1）普通平键连接

普通平键应用最为广泛，其两侧面是工作面，它与轴、轮毂的键槽两侧面相接触；键的上、下底面为非工作面，上底面与轮毂槽顶面之间留有一定的间隙。在反映键长方向的剖视图中，轴采用局部剖视，键按不剖处理，键上的倒角、倒圆省略不画，如图 7-38 所示。

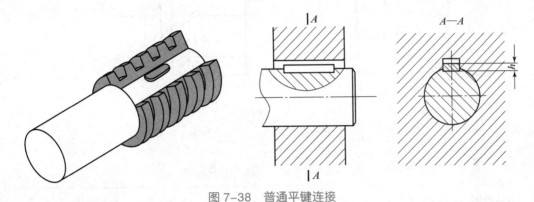

图 7-38 普通平键连接

2）半圆形键连接

半圆形键连接与普通平键连接情况基本相同，只是键的形状为半圆形，在使用时，允许轴与轮毂轴线之间有少许倾斜，如图 7-39 所示。

3）钩头楔键连接

钩头楔键的上、下两面为工作面，上表面有 1∶100 的斜度，可用来消除两零件间的径向间隙，如图 7-40 所示。

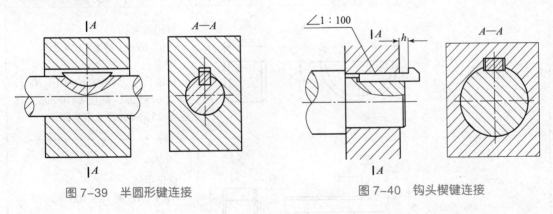

图 7-39 半圆形键连接　　　　　图 7-40 钩头楔键连接

2. 销连接

销主要用于两零件的定位，也可用于受力不大的连接和锁定。在画销连接的装配图时，应注意在剖切面通过轴线的视图中，销按不剖画出。销连接的画法如图 7-41 所示。

3. 键与销的标记

1）键的标记

表 7-3 列出了几种常用键的简图和标记示例。

223

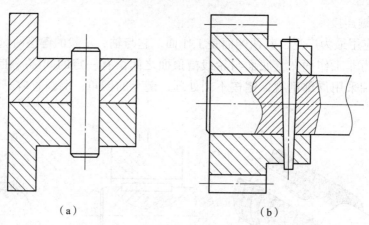

（a） （b）

图 7-41 销连接

（a）圆柱销连接；（b）圆锥销连接

表 7-3 常用键的简图和标记示例

名称	简图	标记示例
普通平键		标记示例： GB/T 1096 键 16 × 10 × 100 说明： 标准代号为 GB/T 1096—2003，宽度 b=16 mm，高度 h=10 mm，长度 L=100 mm 的普通 A 型平键
半圆键		标记示例： GB/T 1099.1 键 8 × 10 × 25 说明： 标准代号为 GB/T 1099.1—2003，键宽 b=8 mm，高度 h=10 mm，直径 d=25 mm 的普通型半圆键
钩头楔键		标记示例： GB/T 1565 键 18 × 100 说明： 标准代号为 GB/T 1565—2003，键宽 b=18 mm，h=8 mm，键长 L=100 mm 的钩头楔键

（2）销的标记

表 7-4 列出了几种常用销的简图和标记示例。

表7-4　常用销的简图和标记示例

名称	简图	标记示例
圆柱销	*L* / *d*	标记示例：销 GB/T 119.2 6 m6×30 说明：标准代号为 GB/T 119.2—2000，公称直径 *d*=6 mm，公差为 m6，公称长度 *L*=30 mm，材料为钢，普通淬火（A 型）、表面氧化的圆柱销
圆锥销	*L* / *d*	标记示例：销 GB/T 117 8×24 说明：标准代号为 GB/T 117—2000，公称直径 *d*=8 mm，公称长度 *L*=24 mm，材料 35 钢，热处理硬度为 28～38 HRC，表面氧化处理的 A 型圆锥销
开口销	*L* / *d*	标记示例：销 GB/T 91 5×30 说明：标准代号为 GB/T 91—2000，公称直径 *d*=5 mm，公称长度 *L*=30 mm，材料为 Q215，不经过表面处理的开口销

（三）滚动轴承的表达与标记

滚动轴承是用来支承轴的标准部件，其结构形式和尺寸均已标准化，并由专业厂家生产，需要时，可根据设计要求选型。轴承的种类很多，本节仅作简介。

滚动轴承的表达
与标记

1. 滚动轴承的结构与类型

滚动轴承一般由外圈、内圈、滚动体及保持架组成，如图 7-42 所示。内圈套在轴上与轴一起转动，外圈装在机座孔中。

常用的滚动轴承有如图 7-43 所示的 3 种，它们通常按受力方向分类。

（1）向心轴承：用于承受径向载荷。

（2）推力轴承：用于承受轴向载荷。

（3）向心推力轴承：用于同时承受径向和轴向载荷。

2. 滚动轴承的基本代号

滚动轴承的代号由前置代号、基本代号和后置代号三部分组成，各部分排列顺序如下：

前置代号	基本代号	后置代号

前置代号和后置代号是轴承在结构形式、尺寸、公差和技术要求等有改变时，在其基本代号前后添加的补充代号。基本代号用来表明轴承的内径系列、直径系列、宽度系列和类型，一般最多为 5 位数，由轴承类型代号、尺寸系列代号、内径代号构成。

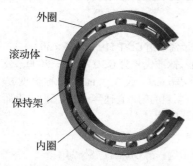

图 7-42 滚动轴承的结构

图 7-43 滚动轴承的种类

（a）向心轴承；（b）推力轴承；（c）向心推力轴承

（1）轴承类型代号：由数字或字母表示，其含义如表 7-5 所示。

表 7-5 轴承类型代号（摘自 GB/T 272—2017）

代号	轴承类型	代号	轴承类型	代号	轴承类型
0	双列角接触球轴承	4	双列深沟球轴承	8	推力圆柱滚子轴承
1	调心球轴承	5	推力球轴承	N	圆柱滚子轴承
2	调心滚子轴承	6	深沟球轴承	U	外球面球轴承
3	圆锥滚子轴承	7	角接触球轴承	QJ	四点接触球轴承

（2）尺寸系列代号：由轴承的宽（高）度系列代号和直径系列代号组合而成，用两位阿拉伯数字表示。它反映了同类轴承在内径相同时，内圈宽度、外圈宽度、外圈外径的不同及滚动体大小的不同。滚动轴承的外廓尺寸不同，承载能力不同。例如，数字"1"和"0"为特轻系列，"2"为轻系列，"3"为中系列，"4"为重系列。

（3）内径代号：表示滚动轴承的公称直径，一般用两位阿拉伯数字表示，其表示方法如表 7-6 所示。

表 7-6 滚动轴承内径代号（摘自 GB/T 272—2017）

轴承公称内径 /mm		内径代号	示例
0.6 ~ 10（非整数）		用公称内径毫米数直接表示，在其与尺寸系列代号之间用"/"分开	深沟球轴承 618/2.5 $d=2.5$ mm
1 ~ 9（整数）		用公称内径毫米数直接表示，对深沟及角接触球轴承 7、8、9 直径系列，内径与尺寸系列代号之间用"/"分开	深沟球轴承 618/5 $d=5$ mm
10 ~ 17	10	00	深沟球轴承 6200 $d=10$ mm
	12	01	

续表

轴承公称内径 /mm		内径代号	示例
10 ~ 17	15	02	推力球轴承 51103 $d=17$ mm
	17	03	
20 ~ 480 （22、28、32 除外）		公称内径除以 5 的商数，商数为个位数，需在商数左边加 "0"，如 08	调心滚子轴承 23208 $d=40$ mm
≥500，以及 22、28、32		用公称内径毫米数直接表示，在其与尺寸系列代号之间用 "/" 分开	调心滚子轴承 230/500 $d=500$ mm 深沟球轴承 62/22 $d=22$ mm

轴承的基本代号举例如下。

【例 1】　轴承基本代号为：6208。

"6"——轴承类型代号：深沟球轴承。

"2"——尺寸系列代号（0）2：宽度系列代号为 0，省略；直径系列代号为 2。

"08"——内径代号：$d=8 \times 5$ mm =40 mm。

【例 2】　轴承基本代号为：30312。

"3"——轴承类型代号：圆锥滚子轴承。

"03"——尺寸系列代号：宽度系列代号为 0；直径系列代号为 3。

"12"——内径代号：$d=12 \times 5$ mm=60 mm。

3. 滚动轴承的画法

滚动轴承的画法如表 7-7 所示。

表 7-7　滚动轴承的画法（GB/T 4459.7—2017）

类型名称 标准号	基本 尺寸	通用画法	特征画法	规定画法
深沟球轴承 （摘自 GB/T 276—2013）	D d B			

续表

类型名称标准号	基本尺寸	通用画法	特征画法	规定画法
圆锥滚子轴承（摘自GB/T 297—2015）	D d B T C			
推力球轴承（摘自GB/T 301—2015）	D d T			

（1）通用画法：在不需要表示滚动轴承的外形轮廓、载荷特性、结构特征时，使用粗实线矩形和十字形符号简单地表示滚动轴承。

（2）特征画法：在需要较形象地表示滚动轴承的结构特征时，用矩形框内十字形符号的方向及长短较形象地反映轴承的结构特征和载荷特征。

（3）规定画法：在滚动轴承的产品样图、样本、标准、用户手册和使用说明中采用规定画法表示滚动轴承。在滚动轴承的规定画法中，其中一半较形象地画出其结构特征和载荷特性，滚子按不剖画出，另一半采用通用画法绘制。

四、装配图中的标注要求

（一）装配图的尺寸标注要求

在装配图上标注尺寸与在零件图上标注尺寸的目的不同，因为装配图

装配图的尺寸
标注与技术要求

不是制造零件的直接依据，它用来表达机器或部件的工作原理、装配关系、结构形状和技术要求，是指导装配、检验、安装、调试的技术依据。滑动轴承装配图尺寸标注示例如图 7-44 所示。在装配图中不需要标注零件的全部尺寸，而只需要注出下列几种必要的尺寸。

（1）性能（规格）尺寸：表示机器、部件规格或性能的尺寸，是设计和选用部件的主要依据，如图 7-44 中的尺寸 $\phi 50H8$。

（2）装配尺寸：表示零件之间装配关系的尺寸，如配合尺寸和重要相对位置尺寸，如图 7-44 中的配合尺寸 $\phi 90\dfrac{H9}{K9}$，$\phi 10\dfrac{H8}{K7}$。

（3）安装尺寸：表示将部件安装到机器上或将整机安装到基座上所需要的尺寸，如图 7-44 中的安装尺寸 180。

（4）外形（总体）尺寸：表示机器或部件外形轮廓的大小，即总长、总宽和总高尺寸。它为包装、运输和安装过程所占的空间大小提供依据，如图 7-44 中的长度尺寸 240 和高度尺寸 132。

（5）其他重要尺寸：其他重要尺寸是指在设计中确定的，而又未包括在上述几类尺寸中的一些重要尺寸，如运动零件的极限位置尺寸、主要零件的重要结构尺寸等。

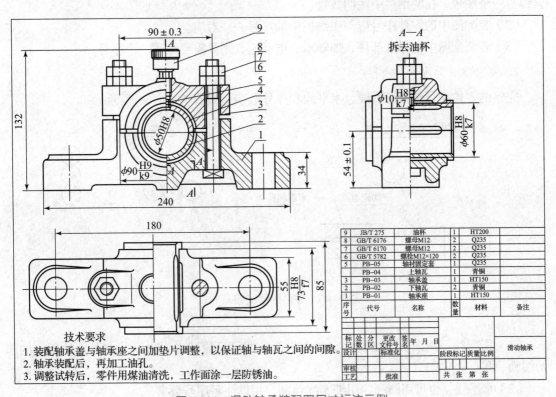

图 7-44　滑动轴承装配图尺寸标注示例

上述 5 类尺寸之间并不是相互独立的，实际上有些尺寸往往同时具有多种作用，因此在标注时要根据实际情况和要求来确定。

（二）装配图中的技术要求

由于装配体的性能、用途各不相同，因此其技术要求也不同。拟定装配体的技术要求时，应具体分析，一般从以下 3 个方面考虑。

（1）装配要求：指装配过程中的注意事项，装配后应达到的要求。

（2）检验要求：指对装配体基本性能的检验、试验、验收方法的说明等。

（3）使用要求：对装配体的性能、维护、保养、使用注意事项的说明。

上述各项要求，不是每一张装配图都要求全部注写，应根据具体情况而定。装配图的技术要求注写在明细栏上方或图样左下方的空白处。

（三）装配图中零件编号及创建技巧

1. 零件编号的一般规定

为了便于看图和生产管理，在装配图中需要对每种零件进行编号，并根据零件编号绘制相应的明细栏。零件编号的原则和要求如下。

（1）装配图中，一种零件只编写一个序号；同一装配图中，尺寸规格完全相同的零件，只编写一个序号，在明细栏中注明数量。

（2）装配图中的零件序号应与明细栏中的序号一一对应。

（3）若装配图中有标准部件，如轴承、电动机，则只需要编写一个序号。

2. 零件编号的形式

完整的零件编号包括指引线、水平线和序号数字，如图 7-45（a）所示。

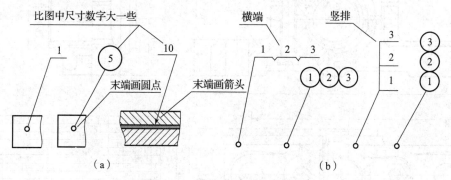

图 7-45　零件序号的编写形式

（a）单个指引线的画法；（b）公共指引线的画法

（1）指引线：用细实线绘制，应自所指部分的可见轮廓内引出，并在可见轮廓内的起始端画一圆点。

（2）水平线：也可用圆圈，用细实线绘制，用以注写序号数字。

（3）序号数字：给零件制定的编号。在指引线的水平线上或圆圈内注写序号时，其字高比该装配图中所注尺寸数字高度大一号或两号。

一组紧固件或装配关系明显的零件组，可采用公共指引线，如图 7-45（b）所示。

3. 零件编号的其他要求

（1）装配图中的零件编号应注写在视图周围，按水平或垂直方向排列整齐，序号数字可按顺时针或逆时针方向依次增大，以便查找；在一个视图上无法连续编完全部所需序号时，可在其他视图上按上述原则继续编写。

（2）同一张装配图中，编注序号的形式应一致。

（3）当序号指引线所指部分内不便画圆点时（如很薄的零件或涂黑的剖面），可用箭头代替圆点，箭头需指向该部分轮廓。

（4）指引线可以画成折线，但只可曲折一次；指引线不能相交，通过有剖面线的区域时，指引线不应与剖面线平行。

指引线绘制示例如图 7-46 所示。

装配图中零件编号、明细栏、标题栏要求

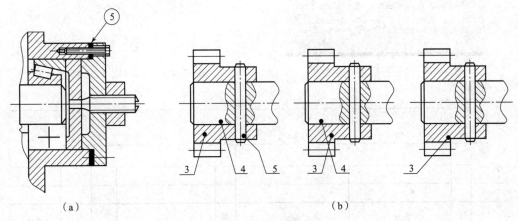

图 7-46 指引线绘制示例

（a）可用箭头代替黑点；（b）指引线的错误示例

4. 零件编号的创建技巧

UG NX 12.0 中可以手动为装配图中的零件创建编号，选择下拉菜单"插入"→"注释"→"符号标注"，打开"符号标注"对话框，如图 7-47 所示。创建方法与表面粗糙度和几何公差的创建技巧一样。

"符号标注"对话框设置说明如下。

（1）类型：下拉选项中可选择多种类型的符号标注形式，常用"圆"。

（2）指引线：按照零件编号的要求，在"类型"后的下拉选项中选择"无短划线"。

（3）文本：在文本中根据需要输入编号。编号标注如图 7-48 所示。

（四）装配图中的标题栏和明细栏

装配图中的标题栏与零件图中的标题栏一致，只是在填写信息时，标题栏中的"材料标记"不需要填写。

明细栏一般紧接在标题栏上方绘制，若标题栏上方位置不够时，其余部分可画在标题栏的左方。明细栏主要由序号、代号、名称、数量、材料、质量、备注等内容组成，国家标准规定的明细栏尺寸如图 7-49 所示。

图 7-47 "符号标注"对话框

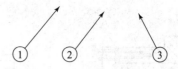

图 7-48 UG NX 12.0 标注示例

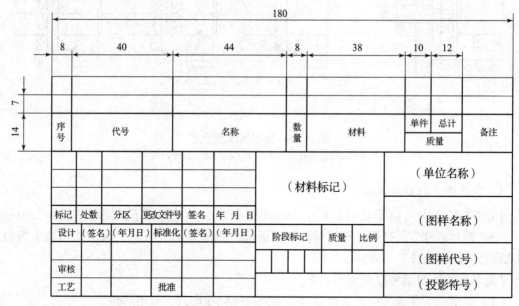

图 7-49 明细栏的尺寸

明细栏的填写要求如下。

（1）明细栏直接画在装配图中时，序号应按自下而上的顺序填写，以便发现有漏编的零件时，可继续向上填补。如果是单独附页的明细栏，序号应按自上而下的顺序填写。

（2）明细栏中的序号应与装配图上编号一致，即一一对应。

（3）代号栏用来注写图样中相应组成部分的图样代号或标准号。备注栏中，一般填写该项的附加说明或其他有关内容，如常用件齿轮的模数、齿数等。

（4）螺栓、螺母、垫圈、键、销等标准件，其标记通常分两部分填入明细栏中。将标准代号填入代号栏内，其余规格尺寸等填在名称栏内。

（5）当装配图中的零、部件较多，位置不够时，可作为装配图的续页按 A4 幅面单独绘制出明细栏。若一页不够，可连续加页，其格式和要求参考 GB/T 10609.2—2009《技术制图 明细栏》。

五、装配图中的工艺结构

1. 接触面结构

（1）轴肩面和孔端面相接触时，应在孔边倒角或在轴的根部切槽，以保证轴肩与孔的端面接触良好，如图 7-50 所示。

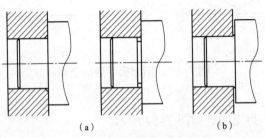

图 7-50 轴肩与孔接触面结构
（a）合理；（b）不合理

（2）当两个零件接触时，同一个方向上的接触面只能有一个，如图 7-51 所示。

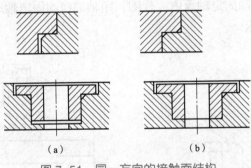

图 7-51 同一方向的接触面结构
（a）合理；（b）不合理

（3）为了使螺栓、螺钉、垫圈等紧固件与被连接表面接触良好，减少加工面积，应把被连接表面加工成凸台或凹坑，如图 7-52 所示。

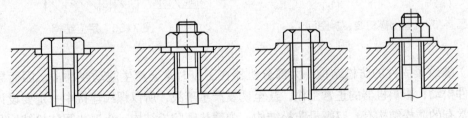

图 7-52 凸台或凹坑与被连接表面接触

2. 便于装拆结构

（1）要留出扳手活动空间，如图 7-53 所示。

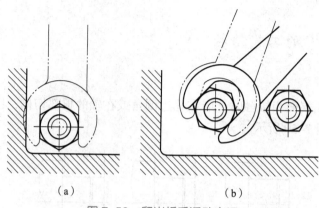

图 7-53　留出扳手活动空间
（a）不合理；（b）合理

（2）要留出螺钉装、拆空间，如图 7-54 所示。

3. 防松定位结构

（1）定位结构：在安装滚动轴承时，为防止其轴向窜动，有必要采用一些轴向定位结构来固定其内圈、外圈。常用的结构有：轴肩、台肩、圆螺母和各种挡圈。常用轴肩固定轴承内、外圈，用弹性挡圈固定轴承内、外圈，用轴端挡圈固定轴承内圈，用套筒固定轴承内、外圈，如图 7-55 所示。

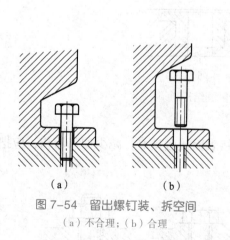

图 7-54　留出螺钉装、拆空间
（a）不合理；（b）合理

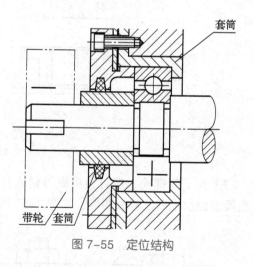

图 7-55　定位结构

（2）螺纹紧固件的防松结构：大部分机器在工作时常会产生震动或冲击，因而导致螺纹紧固件松动，影响机器的正常工作，甚至诱发严重事故，所以螺纹连接中一定要设计防松结构。常有的防松结构有：双螺母防松结构、弹簧垫圈防松结构、止退垫圈防松结构和开口销防松结构等，如图 7-56 所示。

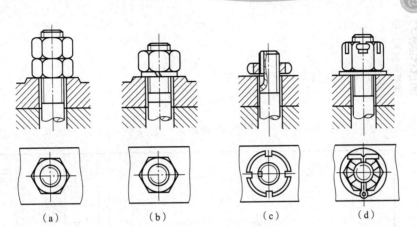

图 7-56　防松结构

（a）双螺母防松；（b）弹簧垫圈防松；（c）止退垫圈防松；（d）开口销防松

4. 密封结构

密封结构主要是对油进行的密封，采用油封装置时，油封材料应紧套在轴颈上，而轴承盖上的孔应大于轴颈，以防止转动时把轴颈损坏。图 7-57～图 7-60 均是轴承密封和防漏的结构，依次是毡圈式、沟槽式、橡胶式、挡片式 4 种密封结构。

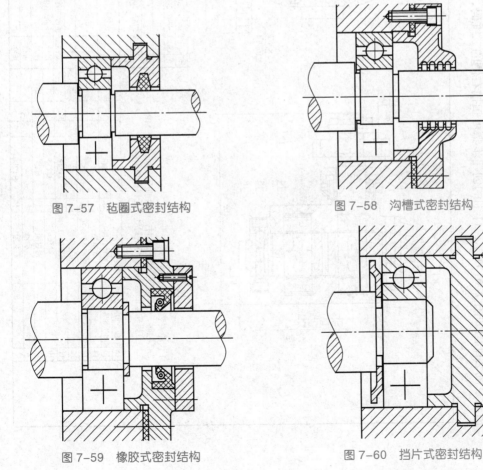

图 7-57　毡圈式密封结构

图 7-58　沟槽式密封结构

图 7-59　橡胶式密封结构

图 7-60　挡片式密封结构

齿轮泵的装配图 创建

齿轮泵的装配图如图7-61所示，详细的创建步骤可扫描右侧的二维码，观看微课学习。

任务实施

技术要求

1.齿轮安装后，应转动灵活。

2.试验时，当转速为750 r/min时，输出油压应为0.4~0.6 MPa。

3.检查齿轮泵的压力时，各密封处应无渗漏现象。

序号	代号	名称	数量	材料	质量 单件	质量 总计	备注
6	GB/T 119.1—2000	圆柱销φ5×26	4	35			
5	GB/T 1096—2003	键5×5×20	2	45			
4		齿轮	2	45			m=1.5,z=21
3		泵体	1	HT200			
2	GB 5782—2000	左片	2	工业用纸			t=1
1		左泵盖	1	HT200			

16	GB/T 70.1—2000	螺钉M5×12	12	35			
15	GB/T 894.1—1986	弹性挡圈	4	65Mn			
14		从动轴	1	45			
13	GB/T 119.1—2000	圆柱销φ5×26	1	35			
12		传动齿轮	1	45			m=2,z=20
11		压紧螺母	1	Q235			
10		衬套	1	Q235			
9		密封圈	1	石棉			
8		主动轴	1	45			
7		右泵盖	1	HT200			

标记	处数	更改文件号	签字	日期		图样标记	重量	比例
设计	Digital团队				齿轮泵			1:1
校对						共 页	第 页	
审核						湖南机电职业技术学院		
批准								

图7-61 齿轮泵装配图

知 识 梳 理 与 任 务 评 价

绘制本任务思维导图

任务评价细则

序号	评分项目	评分细则	星级评价
1	图框	是否调用图框	☆ ☆ ☆ ☆ ☆
2	标题栏和明细栏	标题栏和明细栏是否填写正确、完整	☆ ☆ ☆ ☆ ☆
3	视图布局	视图布局是否合适，布局是否美观	☆ ☆ ☆ ☆ ☆
4	视图表达	视图表达方法选择是否正确，能否完整清晰表达装配模型	☆ ☆ ☆ ☆ ☆
5	标注	尺寸与尺寸公差是否标注完整、合理	☆ ☆ ☆ ☆ ☆
		零件序号是否编写正确、排列整齐	☆ ☆ ☆ ☆ ☆
		技术要求是否标注完整	☆ ☆ ☆ ☆ ☆
	总评		☆ ☆ ☆ ☆ ☆

附　录

附录 A

附表 A–1　普通螺纹　直径与螺距系列（GB/T 193—2003）、普通螺纹基本尺寸（GB/T 196—2003）摘编

mm

公称直径 D、d		螺距 P		粗牙中径 D_2、d_2	粗牙小径 D_1、d_1
第一系列	第二系列	粗牙	细　牙		
3		0.5	0.35	2.675	2.459
	3.5	(0.6)		3.110	2.850
4		0.7	0.5	3.545	3.242
	4.5	(0.75)		4.013	3.688
5		0.8		4.480	4.134
6		1	0.75，(0.5)	5.350	4.917
8		1.25	1，0.75，(0.5)	7.188	6.647
10		1.5	1.25，1，0.75，(0.5)	9.026	8.376
12		1.75	1.5，1.25，1，(0.75)，(0.5)	10.863	10.106
	14	2	1.5，(1.25)*，1，(0.75)，(0.5)	12.701	11.835
16		2	1.5，1，(0.75)，(0.5)	14.701	13.835
	18	2.5	2，1.5，1，(0.75)，(0.5)	16.376	15.294
20		2.5		18.376	17.294
	22	2.5	2，1.5，1，(0.75)，(0.5)	20.376	19.294
24		3	2，1.5，1，(0.75)	22.051	20.752
	27	3	2，1.5，1，(0.75)	25.051	23.752
30		3.5	(3)，2，1.5，1，(0.75)	27.727	26.211
	33	3.5	(3)，2，1.5，(1)，(0.75)	30.727	29.211

续表

公称直径 D、d		螺距 P		粗牙中径 D_2、d_2	粗牙小径 D_1、d_1
第一系列	第二系列	粗牙	细　牙		
36		4	3，2，1.5，（1）	33.402	31.670
	39	4		36.402	34.670
42		4.5	（4），3，2，1.5，（1）	39.077	37.129
	45	4.5		42.077	40.129
48		5		44.752	42.587
	52	5		48.752	46.587
56		5.5	4，3，2，1.5，（1）	52.428	50.046
	60	5.5		56.428	54.046
64		6		60.103	57.505
	68	6		64.103	61.505

注：1. 优先选用第一系列，括号内尺寸尽可能不用，第三系列未列入。
　　2. *M14×1.25 仅用于火花塞。

数字化机械制图

附表 A–2　55°密封管螺纹（GB/T 7306.1—2000）（GB/T 7306.2—2000）摘编

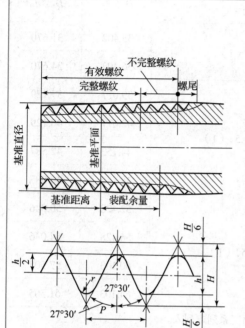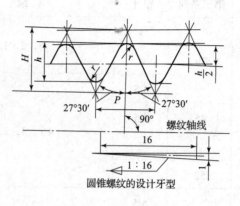

圆锥螺纹的设计牙型

圆柱内螺纹的设计牙型

标记示例

GB/T 7306.1—2000

尺寸代号3/4，右旋，圆柱
内螺纹：R$_p$3/4

尺寸代号3，右旋，圆锥外
螺纹：R$_1$3

尺寸代号3/4，左旋，圆柱
内螺纹：R$_p$3/4LH

右旋圆锥外螺纹、圆柱内螺
纹螺纹副：R$_p$/R$_1$3

GB/T 7306.2—2000

尺寸代号3/4，右旋，圆锥
内螺纹：R$_c$3/4

尺寸代号3，右旋，圆锥外
螺纹：R$_2$3

尺寸代号3/4，左旋，圆锥
内螺纹：R$_c$3/4LH

右旋圆锥内螺纹、圆锥外螺
纹螺纹副：R$_c$/R$_2$3

尺寸代号	每25.4 mm内所含的牙数 n	螺距 P/mm	牙高 h/mm	基准平面内的基本直径			基准距离（基本）/mm	外螺纹的有效螺纹不小于/mm
				大径（基准直径）d=D/mm	中径 $d_2=D_2$/mm	小径 $d_1=D_1$/mm		
1/16	28	0.907	0.581	7.723	7.142	6.561	4	6.5
1/8	28	0.907	0.581	9.728	9.147	8.566	4	6.5
1/4	19	1.337	0.856	13.157	12.301	11.445	6	9.7
3/8	19	1.337	0.856	16.662	15.806	14.950	6.4	10.1
1/2	14	1.814	1.162	20.955	19.793	18.631	8.2	13.2
3/4	14	1.814	1.162	26.441	25.279	24.117	9.5	14.5
1	11	2.309	1.479	33.249	31.770	30.291	10.4	16.8
1 1/4	11	2.309	1.479	41.910	40.431	38.952	12.7	19.1
1 1/2	11	2.309	1.479	47.803	46.324	44.845	12.7	19.1

240

续表

尺寸代号	每 25.4 mm 内所含的牙数 n	螺距 P/mm	牙高 h/mm	基准平面内的基本直径			基准距离（基本）/mm	外螺纹的有效螺纹不小于 /mm
				大径（基准直径）d=D/mm	中径 $d_2=D_2$/mm	小径 $d_1=D_1$/mm		
2	11	2.309	1.479	59.614	58.135	56.656	15.9	23.4
2 1/2	11	2.309	1.479	75.184	73.705	72.226	17.5	26.7
3	11	2.309	1.479	87.884	86.405	84.926	20.6	29.8
4	11	2.309	1.479	113.030	111.551	110.072	25.4	35.8
5	11	2.309	1.479	138.430	136.951	135.472	28.6	40.1
6	11	2.309	1.479	163.830	162.351	160.872	28.6	40.1

附表 A-3　55° 非密封管螺纹（GB/T 7307—2001）摘编

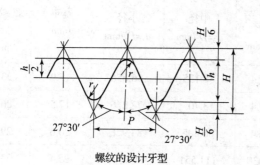

标记示例

尺寸代号 2，右旋，圆柱内螺纹：G2

尺寸代号 3，右旋，A 级圆柱外螺纹：G3A

尺寸代号 2，左旋，圆柱内螺纹：G2 LH

尺寸代号 4，左旋，B 级圆柱外螺纹：G4B LH

螺纹的设计牙型

尺寸代号	每 25.4 mm 内所含的牙数 n	螺距 P/mm	牙高 h/mm	基本直径		
				大径 $d=D$/mm	中径 $d_2=D_2$/mm	小径 $d_1=D_1$/mm
1/16	28	0.907	0.581	7.723	7.142	6.561
1/8	28	0.907	0.581	9.728	9.147	8.566
1/4	19	1.337	0.856	13.157	12.301	11.445
3/8	19	1.337	0.856	16.662	15.806	14.950
1/2	14	1.814	1.162	20.955	19.793	18.631
3/4	14	1.814	1.162	26.441	25.279	24.117
1	11	2.309	1.479	33.249	31.770	30.291
1 1/4	11	2.309	1.479	41.910	40.431	38.952
1 1/2	11	2.309	1.479	47.803	46.324	44.845
2	11	2.309	1.479	59.614	58.135	56.656
2 1/2	11	2.309	1.479	75.184	73.705	72.226
3	11	2.309	1.479	87.884	86.405	84.926
4	11	2.309	1.479	113.030	111.551	110.072
5	11	2.309	1.479	138.430	136.951	135.472
6	11	2.309	1.479	163.830	162.351	160.872

附录 B　螺纹紧固件

附表 B-1　六角头螺栓（GB/T 5782—2016）摘编

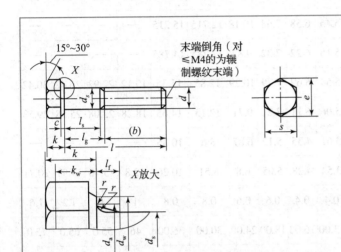

标记示例

螺纹规格 d=M12、公称长度 l=80 mm、性能等级为 8.8 级、表面氧化、产品等级为 A 级的六角头螺栓：

螺栓　GB/T 5782 M12×80

mm

螺纹规格 d			M3	M4	M5	M6	M8	M10	M12	M16	M20	M24	M30	M36	M42	M48
螺距 P			0.5	0.7	0.8	1	1.25	1.5	1.75	2	2.5	3	3.5	4	4.5	5
b 参考	$l_{公称}$≤125		12	14	16	18	22	26	30	38	46	54	66	—	—	—
	125<$l_{公称}$≤200		18	20	22	24	28	32	36	44	52	60	72	84	96	108
	$l_{公称}$>200		31	33	35	37	41	45	49	57	65	73	85	97	109	121
c	max		0.4	0.4	0.5	0.5	0.6	0.6	0.60	0.8	0.8	0.8	0.8	0.8	1.0	1.0
	min		0.15	0.15	0.15	0.15	0.15	0.15	0.15	0.2	0.2	0.2	0.2	0.2	0.3	0.3
d_a	max		3.6	4.7	5.7	6.8	9.2	11.2	13.7	17.7	22.4	26.4	33.4	39.4	45.6	52.6
d_s	公称 =max		3.00	4.00	5.00	6.00	8.00	10.00	12.00	16.00	20.00	24.00	30.00	36.00	42.00	48.00
	min	产品等级 A	2.86	3.82	4.82	5.82	7.78	9.78	11.73	15.73	19.67	23.67	—	—	—	—
		产品等级 B	2.75	3.70	4.70	5.70	7.64	9.64	11.57	15.57	19.48	23.48	29.48	35.38	41.38	47.38
d_w	min	产品等级 A	4.57	5.88	6.88	8.88	11.63	14.63	16.63	22.49	28.19	33.61	—	—	—	—
		产品等级 B	4.45	5.74	6.74	8.74	11.47	14.47	16.47	22	27.7	33.25	42.75	51.11	59.95	69.45
e	min	产品等级 A	6.01	7.66	8.79	11.05	14.38	17.77	20.03	26.75	33.53	39.98	—	—	—	—
		产品等级 B	5.88	7.50	8.63	10.89	14.20	17.59	19.85	26.17	32.95	39.55	50.85	60.79	71.3	82.6
l_f	max		1	1.2	1.2	1.4	2	2	3	3	4	4	6	6	8	10

续表

螺纹规格 d			M3	M4	M5	M6	M8	M10	M12	M16	M20	M24	M30	M36	M42	M48
公称			2	2.8	3.5	4	5.3	6.4	7.5	10	12.5	15	18.7	22.5	26	30
k	产品等级 A	max	2.125	2.925	3.65	4.15	5.45	6.58	7.68	10.18	12.715	15.215	—	—	—	—
		min	1.875	2.675	3.35	3.85	5.15	6.22	7.32	9.82	12.285	14.785	—	—	—	—
	B	max	2.2	3.0	3.74	4.24	5.54	6.69	7.79	10.29	12.85	15.35	19.12	22.92	26.42	30.42
		min	1.8	2.6	3.26	3.76	5.06	6.11	7.21	9.71	12.15	14.65	18.28	22.08	25.58	29.58
k_w min	产品等级 A		1.31	1.87	2.35	2.70	3.61	4.35	5.12	6.87	8.6	10.35	—	—	—	—
	B		1.26	1.82	2.28	2.63	3.54	4.28	5.05	6.8	8.51	10.26	12.8	15.46	17.91	20.71
r	min		0.1	0.2	0.2	0.25	0.4	0.4	0.6	0.6	0.8	0.8	1	1	1.2	1.6
s	公称 =max		5.50	7.00	8.00	10.00	13.00	16.00	18.00	24.00	30.00	36.00	46	55.0	65.0	75.0
	min 产品等级 A		5.32	6.78	7.78	9.78	12.73	15.73	17.73	23.67	29.67	35.38	—	—	—	—
	B		5.20	6.64	7.64	9.64	12.57	15.57	17.57	23.16	29.16	35.00	45	53.8	63.1	73.1
l（商品规格范围）			20 ~ 30	25 ~ 40	25 ~ 50	30 ~ 60	40 ~ 80	45 ~ 100	50 ~ 120	65 ~ 160	80 ~ 200	90 ~ 240	110 ~ 300	140 ~ 360	160 ~ 440	180 ~ 480
l（系列）			20, 25, 30, 35, 40, 45, 50, 55, 60, 65, 70, 80, 90, 100, 110, 120, 130, 140, 150, 160, 180, 200, 220, 240, 260, 280, 300, 320, 340, 360, 380, 400, 420, 440, 460, 480													

注：l_g 与 l_s 表中未列出。

附表 B-2　双头螺柱

$b_{\mathrm{m}}=1d$（GB/T 897—1988）、$b_{\mathrm{m}}=1.25d$（GB/T 898—1988）、
$b_{\mathrm{m}}=1.5d$（GB/T 899—1988）、$b_{\mathrm{m}}=2d$（GB/T 900—1988）摘编

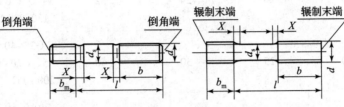

末端按 GB/T 2—1985 的规定；$d_{\mathrm{s}} \approx$ 螺纹中径（仅适用于 B 型）

标记示例

两端均为粗牙普通螺纹，$d=10$ mm、$l=50$ mm、性能等级为 4.8 级、不经表面处理、B 型、$b_{\mathrm{m}}=1d$ 的双头螺柱：

螺柱　GB/T 897 M10×50

旋入机件一端为粗牙普通螺纹，旋螺母一端为螺距 $P=1$ mm 的细牙普通螺纹，$d=10$ mm、$l=50$ mm、性能等级为 4.8 级、不经表面处理、A 型、$b_{\mathrm{m}}=1d$ 的双头螺柱：

螺柱　GB/T 897 M10–M10×1×50

mm

螺纹规格 d	b_{m}（公称）				l/b
	GB/T 897—1988	GB/T 898—1988	GB/T 899—1988	GB/T 900—1988	
M2			3	4	12～16/6、20～25/10
M2.5			3.5	5	16/8、20～30/11
M3			4.5	6	16～20/6、25～40/12
M4			6	8	16～20/8、25～40/14
M5	5	6	8	10	（16～20）/10、（25～40）/16
M6	6	8	10	12	20/10、（25～30）/14、（35～70）/18
M8	8	10	12	16	20/12、（25～30）/16、（35～90）/22
M10	10	12	15	20	25/14、（30～35）/16、（40～120）/26、130/32
M12	12	15	18	24	（25～30）/16、（35～40）/20、（45～120）/30、（130～180）/36

续表

螺纹规格 d	b_m（公称）				l/b
	GB/T 897—1988	GB/T 898—1988	GB/T 899—1988	GB/T 900—1988	
M16	16	20	24	32	（30~35）/20、（45~50）/30、（60~120）/38、（130~200）/44
M20	20	25	30	40	（35~40）/25、（45~60）/35、（70~120）/46、（130~200）/52
M24	24	30	36	48	（45~50）/30、（60~70）/45、（80~120）/54、（130~200）/60
M30	30	38	45	60	60/40、（70~90）/50、（100~120）/66、（130~200）/72、（210~250）/85
M36	36	45	54	72	70/45、（80~110）/60、120/78、（130~200）/84、（210~300）/97
M42	42	52	63	84	（70~80）/50、（90~110）/70、120/90、（130~200）/96、（210~300）/109
M48	48	60	72	96	（80~90）/60、（100~110）/80、120/102、（130~200）/108、（210~300）/121
l（系列）	12、16、20、25、30、35、40、45、50、60、70、80、90、100、110、120、130、140、150、160、170、180、190、200、210、220、230、240、250、260、280、300				

附表 B-3　1 型六角螺母（GB/T 6170 —2015）摘编

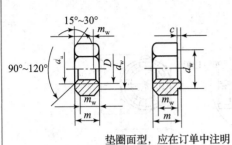

垫圈面型，应在订单中注明

标记示例

螺纹规格 D=M12、性能等级为 8 级、不经表面处理、产品等级为 A 级的 1 型六角螺母：

螺母　GB/T 6170　M12

mm

螺纹规格 D		M1.6	M2	M2.5	M3	M4	M5	M6	M8	M10	M12
螺距 P		0.35	0.4	0.45	0.5	0.7	0.8	1	1.25	1.5	1.75
c	max	0.20	0.20	0.30	0.40	0.40	0.50	0.50	0.60	0.60	0.60
d_a	max	1.84	2.30	2.90	3.45	4.60	5.75	6.75	8.75	10.80	13.00
	min	1.60	2.00	2.50	3.00	4.00	5.00	6.00	8.00	10.00	12.00
d_w	min	2.40	3.10	4.10	4.60	5.90	6.90	8.90	11.60	14.60	16.60
e	min	3.41	4.32	5.45	6.01	7.66	8.79	11.05	14.38	17.77	20.03
m	max	1.30	1.60	2.00	2.40	3.20	4.70	5.20	6.80	8.40	10.80
	min	1.05	1.35	1.75	2.15	2.90	4.40	4.90	6.44	8.04	10.37
m_w	min	0.80	1.10	1.40	1.70	2.30	3.50	3.90	5.20	6.40	8.30
s	公称 =max	3.20	4.00	5.00	5.50	7.00	8.00	10.00	13.00	16.00	18.00
	min	3.02	3.82	4.82	5.32	6.78	7.78	9.78	12.73	15.73	17.73

螺纹规格 D		M16	M20	M24	M30	M36	M42	M48	M56	M64
螺距 P		2	2.5	3	3.5	4	4.5	5.	5.5	6
c	max	0.80	0.80	0.80	0.80	0.80	1.00	1.00	1.00	1.00
d_a	max	17.30	21.60	25.90	32.40	38.90	45.40	51.80	60.50	69.10
	min	16.00	20.00	24.00	30.00	36.00	42.00	48.00	56.00	64.00
d_w	min	22.50	27.70	33.30	42.80	51.10	60.00	69.50	78.70	88.20
e	min	26.75	32.95	39.55	50.85	60.79	72.02	82.60	93.56	104.86
m	max	14.80	18.00	21.50	25.60	31.00	34.00	38.00	45.00	51.00
	min	14.10	16.90	20.20	24.30	29.40	32.40	36.40	43.40	49.10
m_w	min	11.30	13.50	16.20	19.40	23.50	25.90	29.10	34.70	39.30
s	公称 =max	24.00	30.00	36.00	46.00	55.00	65.00	75.00	85.00	95.00
	min	23.67	29.16	35.00	45.00	53.80	63.10	73.10	82.80	92.80

注：1. A 级用于 $D \leqslant 16$ 的螺母；B 级用于 $D>16$ 的螺母。本表仅按优选的螺纹规格列出。

2. 螺纹规格为 M8～M64、细牙、A 级和 B 级的 1 型六角螺母，请查阅 GB/T6171—2016。

附表 B–4　1 型六角开槽螺母　A 级和 B 级（GB/T 6178 —1986）摘编

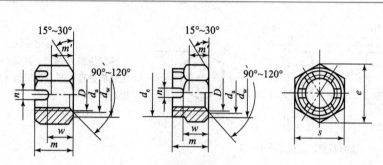

允许制造的形式

标记示例

螺纹规格 D＝M12、性能等级为 8 级、表面氧化、A 级的 1 型六角
开槽螺母：　　　　　　　螺母 GB/T 6178　M12

mm

螺纹规格 D		M4	M5	M6	M8	M10	M12	M16	M20	M24	M30	M36
d_a	max	4.6	5.75	6.75	8.75	10.8	13	17.3	21.6	25.9	32.4	38.9
	min	4	5	6	8	10	12	16	20	24	30	36
d_e	max	—	—	—	—	—	—	—	28	34	42	50
	min	—	—	—	—	—	—	—	27.16	33	41	49
d_w	min	5.9	6.9	8.9	11.6	14.6	16.6	22.5	27.7	33.2	42.7	51.1
e	min	7.66	8.79	11.05	14.38	17.77	20.03	26.75	32.95	39.55	50.85	60.79
m	max	5	6.7	7.7	9.8	12.4	15.8	20.8	24	29.5	34.6	40
	min	4.7	6.34	7.34	9.44	11.97	15.37	20.28	23.16	28.66	33.6	39
m'	min	2.32	3.52	3.92	5.15	6.43	8.3	11.28	13.52	16.16	19.44	23.52
n	min	1.2	1.4	2	2.5	2.8	3.5	4.5	4.5	5.5	5.5	7
	max	1.8	2	2.6	3.1	3.4	4.25	5.7	5.7	6.7	8.5	8.5
s	max	7	8	10	13	16	18	24	30	36	46	55
	min	6.78	7.78	9.78	12.73	15.73	17.73	23.67	29.16	35	45	53.8
w	max	3.2	4.7	5.2	6.8	8.4	10.8	14.8	18	21.5	25.6	31
	min	2.9	4.4	4.9	6.44	8.04	10.37	14.37	17.3	20.66	24.76	30
开口销		1 × 10	1.2 × 12	1.6 × 14	2 × 16	2.5 × 20	3.2 × 22	4 × 28	4 × 36	5 × 40	6.3 × 50	6.3 × 63

注：A 级用于 D ≤ 16 的螺母；B 级用于 D＞16 的螺母。

附表 B-5　小垫圈、平垫圈、大垫圈

小垫圈　A级（GB/T 848—2002）、平垫圈　A级（GB/T 97.1—2002）
平垫圈　倒角型　A级（GB/T 97.2—2002）、大垫圈　A级（GB/T 96.1—2002）摘编

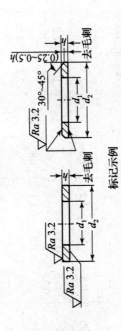

标记示例

标准系列、规格 8 mm、性能等级为 140 HV 级、不经表面处理的平垫圈：

垫圈 GB/T 97.1 8

mm

规格（螺纹大径）		3	4	5	6	8	10	12	14	16	20	24	30	36
内径 d₁　公称（min）	GB/T 848—2002	3.2	4.3	5.3	6.4	8.4	10.5	13	15	17	21	25	31	37
	GB/T 97.1—2002	—	4.3	5.3	6.4	8.4	10.5	13	15	17	21	25	31	37
	GB/T 97.2—2002	—	—	5.3	6.4	8.4	10.5	13	15	17	21	25	31	37
	GB/T 96.1—2002	3.2	4.3	5.3	6.6	9	11	13.5	15.5	17.5	22	26	33	39
内径 d₁　max	GB/T 848—2002	3.38	4.48	5.48	6.62	8.62	10.77	13.27	15.27	17.27	21.33	25.33	31.39	37.62
	GB/T 97.1—2002	—	4.48	5.48	6.62	8.62	10.77	13.27	15.27	17.27	21.33	25.33	31.39	37.62
	GB/T 97.2—2002	—	—	5.48	6.62	8.62	10.77	13.27	15.27	17.27	21.33	25.33	31.39	37.62
	GB/T 96.1—2002	3.38	4.48	5.48	6.96	9.36	11.43	13.93	16.43	18.43	22.52	26.84	34	40

续表

规格（螺纹大径）			3	4	5	6	8	10	12	14	16	20	24	30	36
内径 d_2	公称（min）	GB/T 848—2002	6	8	9	11	15	18	20	24	28	34	39	50	60
		GB/T 97.1—2002	7	9	10	12	16	20	24	28	30	37	44	56	66
		GB/T 97.2—2002	—	—	10	12	16	20	24	28	30	37	44	56	66
		GB/T 96.1—2002	9	12	15	18	24	30	37	44	50	60	72	92	110
	max	GB/T 848—2002	5.7	7.64	8.64	10.57	14.57	17.57	19.48	23.48	27.48	33.38	38.38	49.38	58.8
		GB/T 97.1—2002	6.64	8.64	9.64	11.57	15.57	19.48	23.48	27.48	29.48	36.38	43.38	55.26	64.8
		GB/T 97.2—2002	—	—	9.64	11.57	15.57	19.48	23.48	27.48	29.48	36.38	43.38	55.26	64.8
		GB/T 96.1—2002	8.64	11.57	14.57	17.57	23.48	29.48	36.38	43.38	49.38	58.81	70.1	89.8	107.8
厚度 h	公称	GB/T 848—2002	0.5	0.5	1	1.6	1.6	1.6	2	2.5	2.5	3	4	4	5
		GB/T 97.1—2002	0.5	0.8	1	1.6	1.6	2	2.5	3	3	3	4	4	5
		GB/T 97.2—2002	—	—	1	1.6	1.6	2	2.5	3	3	3	4	4	5
		GB/T 96.1—2002	0.8	1	1	1.6	2	2.5	3	3	3	4	5	6	8
	max	GB/T 97.1—2002	0.55	0.9	1.1	1.8	1.8	2.2	2.7	3.3	3.3	3.3	4.3	4.3	5.6
		GB/T 96.1—2002	0.9	1.1	1.1	1.8	2.2	2.7	3.3	3.3	3.3	4.6	6	7	9.2
	min	GB/T 97.1—2002	0.45	0.7	0.9	1.4	1.4	1.8	2.3	2.7	2.7	2.7	3.7	3.7	4.4
		GB/T 96.1—2002	0.7	0.9	1	1.4	1.8	2.3	2.7	2.7	2.7	3.4	4	5	6.8

附表 B-6　开槽圆柱头螺钉（GB/T 65—2016）、开槽盘头螺钉（GB/T 67—2016）摘编

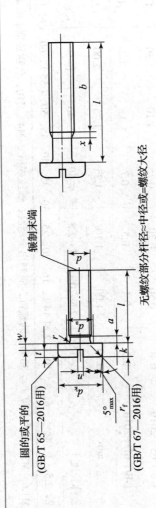

开槽圆柱头螺钉（GB/T 65—2016用）

圆的或平的

(GB/T 67—2016用)

辗制末端

无螺纹部分杆径≈中径或≈螺纹大径

标记示例

螺纹规格 d=M5、公称长度 l=20 mm、性能等级为 4.8 级、不经表面处理的 A 级开槽圆柱头螺钉：
螺钉　GB/T 65　M5×20

螺纹规格 d=M5、公称长度 l=20 mm、性能等级为 4.8 级、不经表面处理的 A 级开槽盘头螺钉：
螺钉　GB/T 67　M5×20

螺纹规格 d			M1.6	M2	M2.5	M3	M4	M5	M6	M8	M10
P			0.35	0.4	0.45	0.5	0.7	0.8	1	1.25	1.5
a	max		0.7	0.8	0.9	1.0	1.4	1.6	2.0	2.5	3.0
b	min		25	25	25	25	38	38	38	38	38
d_k	GB/T 65—2016	公称 =max	3.00	3.80	4.50	5.50	7.00	8.50	10.00	13.00	16.00
		min	2.86	3.62	4.32	5.32	6.78	8.28	9.78	12.73	15.73
	GB/T 67—2016	公称 =max	3.2	4.0	5.0	5.6	8.00	9.50	12.00	16.00	20.00
		min	2.9	3.7	4.7	5.3	7.64	9.14	11.57	15.57	19.48

续表

螺纹规格 d		M1.6	M2	M2.5	M3	M4	M5	M6	M8	M10
k	公称 =max　GB/T 65—2016	1.10	1.40	1.80	2.00	2.60	3.30	3.9	5.0	6.0
	min	0.96	1.26	1.66	1.86	2.46	3.12	3.6	4.7	5.7
	公称 =max　GB/T 67—2016	1.00	1.30	1.50	1.80	2.40	3.00	3.6	4.8	6.0
	min	0.86	1.16	1.36	1.66	2.26	2.88	3.3	4.5	5.7
n	max	0.60	0.70	0.80	1.00	1.51	1.51	1.91	2.31	2.81
	min	0.46	0.56	0.66	0.86	1.26	1.26	1.66	2.06	2.56
r	min	0.10	0.10	0.10	0.10	0.20	0.20	0.25	0.40	0.40
r_f	参考	0.5	0.6	0.8	0.9	1.2	1.5	1.8	2.4	3
t	min　GB/T 65—2016	0.45	0.60	0.70	0.85	1.10	1.30	1.60	2.00	2.40
	min　GB/T 67—2016	0.35	0.5	0.6	0.7	1	1.2	1.4	1.9	2.4
w	min　GB/T 65—2016	0.40	0.50	0.70	0.75	1.10	1.30	1.60	2.00	2.40
	min　GB/T 67—2016	0.3	0.4	0.5	0.7	1	1.2	1.4	1.9	2.4
x	min	0.90	1.00	1.10	1.25	1.75	2.00	2.50	3.20	3.80
l（商品规格范围公称长度）		2~16	2.5~20	3~25	4~30	5~40	6~50	8~60	10~80	12~80
l（系列）		2、2.5、3、4、5、6、8、10、12、（14）、16、20、25、30、35、40、45、50、（55）、60、（65）、70、（75）、80								

注：1. 螺纹规格 d=M1.6～M3、公称长度 $l ≤ 30$ mm 的螺钉，应制出全螺纹；螺纹规格 d=M4～M10、公称长度 $l ≤ 40$ mm 的螺钉，应制出全螺纹（$b=l-a$）。

2. 尽可能不采用括号内的规格。

252

附表 B-7 开槽沉头螺钉、开槽半沉头螺钉

开槽沉头螺钉（GB/T 68—2016）、开槽半沉头螺钉（GB/T 69—2016）摘编

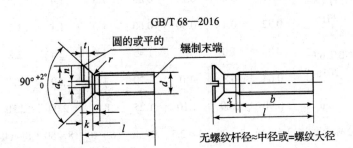

GB/T 68—2016

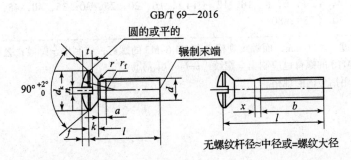

GB/T 69—2016

无螺纹杆径≈中径或=螺纹大径

标记示例

螺纹规格 d=M5、公称长度 l=20 mm、性能等级为 4.8 级、不经表面处理的 A 级开槽沉头螺钉：

螺钉　GB/T 68　M5×20

mm

螺纹规格 d			M1.6	M2	M2.5	M3	M4	M5	M6	M8	M10
P			0.35	0.4	0.45	0.5	0.7	0.8	1	1.25	1.5
a		max	0.7	0.8	0.9	1.0	1.4	1.6	2.0	2.5	3.0
b		min	25	25	25	25	38	38	38	38	38
d_k	理论值	公称 =max	3.6	4.4	5.5	6.3	9.4	10.4	12.6	17.3	20
	实际值	max	3.0	3.8	4.7	5.5	8.40	9.30	11.30	15.80	18.30
		min	2.7	3.5	4.4	5.2	8.04	8.94	10.87	15.37	17.78
f		≈	0.4	0.5	0.6	0.7	1	1.2	1.4	2	2.3
k	公称 =max		1	1.2	1.5	1.65	2.7	2.7	3.3	4.65	5
n	nom		0.4	0.5	0.6	0.8	1.2	1.2	1.6	2	2.5
	max		0.60	0.70	0.80	1.00	1.51	1.51	1.91	2.31	2.81
	min		0.46	0.56	0.66	0.86	1.26	1.26	1.66	2.06	2.56

续表

螺纹规格 d			M1.6	M2	M2.5	M3	M4	M5	M6	M8	M10
r		max	0.4	0.5	0.6	0.8	1	1.3	1.5	2	2.5
t	max	GB/T 68—2016	0.50	0.6	0.75	0.85	1.3	1.4	1.6	2.3	2.6
	min		0.32	0.4	0.50	0.60	1.0	1.1	1.2	1.8	2.0
	max	GB/T 69—2016	0.80	1.0	1.2	1.45	1.9	2.4	2.8	3.7	4.4
	min		0.64	0.8	1.0	1.20	1.6	2.0	2.4	3.2	3.8
x		min	0.90	1.00	1.10	1.25	1.75	2.00	2.50	3.20	3.80
l（商品规格范围公称长度）			2.5 ~ 16	3 ~ 20	4 ~ 2.5	5 ~ 30	6 ~ 40	8 ~ 50	8 ~ 60	10 ~ 80	12 ~ 80
l（系列）			2.5, 3, 4, 5, 6, 8, 10, 12, （14）, 16, 20, 25, 30, 35, 40, 45, 50, （55）, 60, （65）, 70, （75）, 80								

注：1. 公称长度 $l \leqslant 30$ mm，而螺纹规格 d 在 M1.6~M3 的螺钉，应制出全螺纹；公称长度 $l \leqslant 45$ mm，而螺纹规格在 M4 ~ M10 的螺钉也应制出全螺纹 $[b = l - (k + a)]$。

2. 尽可能不采用括号内的规格。

附表 B-8　内六角圆柱头螺钉（GB/T 70.1—2008）摘编

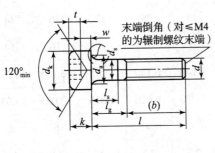

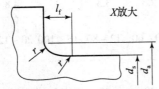

末端倒角（对≤M4的为辗制螺纹末端）

120°min

允许倒圆或制出沉孔

X放大

标记示例

螺纹规格 d=M5、公称长度 l=20 mm、性能等级为 8.8 级、表面氧化的 A 级内六角圆柱头螺钉：

螺钉　GB/T 70.1　M5×20

mm

螺纹规格 d		M3	M4	M5	M6	M8	M10	M12	M16	M20	M24
螺距 P		0.5	0.7	0.8	1	1.25	1.5	1.75	2	2.5	3
b 参考		18	20	22	24	28	32	36	44	52	60
d_k	max	5.50	7.00	8.50	10.00	13.00	16.00	18.00	24.00	30.00	36.00
	min	5.32	6.78	8.28	9.78	12.73	15.73	17.73	23.67	29.67	35.61
d_a	max	3.6	4.7	5.7	6.8	9.2	11.2	13.7	17.7	22.4	26.4
d_s	max	3.00	4.00	5.00	6.00	8.00	10.00	12.00	16.00	20.00	24.00
	min	2.86	3.82	4.82	5.82	7.78	9.78	11.73	15.73	19.67	23.67
e	min	2.87	3.44	4.58	5.72	6.86	9.15	11.43	16	19.44	21.73
l_f	max	0.51	0.6	0.6	0.68	1.02	1.02	1.45	1.45	2.04	2.04
k	max	3.00	4.00	5.00	6.0	8.00	10.00	12.00	16.00	20.00	24.00
	min	2.86	3.82	4.82	5.7	7.64	9.64	11.57	15.57	19.48	23.48
r	min	0.1	0.2	0.2	0.25	0.4	0.4	0.6	0.6	0.8	0.8
s	公称	2.5	3	4	5	6	8	10	14	17	19
	max	2.58	3.080	4.095	5.140	6.140	8.175	10.175	14.212	12.23	19.275
	min	2.52	3.020	4.040	5.020	6.020	8.025	10.025	14.032	17.05	19.065

续表

螺纹规格 d		M3	M4	M5	M6	M8	M10	M12	M16	M20	M24
螺距 P		0.5	0.7	0.8	1	1.25	1.5	1.75	2	2.5	3
$b_{参考}$		18	20	22	24	28	32	36	44	52	60
s	公称	2.5	3	4	5	6	8	10	14	17	19
	max	2.58	3.080	4.059	5.140	6.140	8.175	10.175	14.212	17.23	19.275
	min	2.52	3.020	4.020	5.020	6.020	8.025	10.025	14.032	17.05	19.065
t	min	1.3	2	2.5	3	4	5	6	8	10	12
w	min	1.15	1.4	1.9	2.3	3.3	4	4.8	6.8	8.6	10.4
l（商品规格规范）		5～33	6～40	8～50	10～60	12～80	16～100	20～120	25～160	30～200	40～200
$l \leqslant$ 表中数值时，螺纹制到距头部 $3P$ 以内		20	25	25	30	35	40	50	60	70	80
l（系列）		5，6，8，10，12，16，20，25，30，35，40，45，50，55，60，65，70，80，90，100，110，120，130，140，150，160，180，200									

注：1. l_g 与 l_s 表中未列出。

2. s_{max} 用于除 12.9 级外的其他性能等级。

3. d_{kmax} 只对光滑头部，滚花头部未列出。

附表 B-9　平键　键槽的剖面尺寸（GB/T 1095—2003）摘编

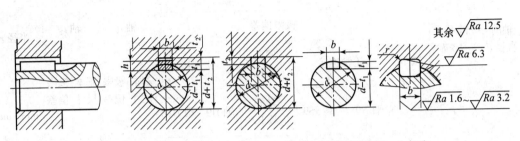

注：在工作图中，轴槽深用 t_1 或（$d-t_1$）标注，轮毂槽深用（$d+t_2$）标注

mm

轴的直径 d	键尺寸 b×h	键槽										
		宽度 b					深度				半径 r	
		基本尺寸	极限偏差				轴 t_1		轴 t_2			
			正常连接		紧密连接	松连接		基本尺寸	极限偏差	基本尺寸	极限偏差	
			轴 N9	毂 JS9	轴和毂 P9	轴 H9	毂 D10					min	max
自 6~8	2×2	2	−0.004 −0.029	± 0.0125	−0.006 −0.031	+0.025 0	+0.060 +0.020	1.2		1		0.08	0.16
>8~10	3×3	3						1.8		1.4			
>10~12	4×4	4	0 −0.030	± 0.015	−0.012 −0.042	+0.030 0	+0.078 +0.030	2.5	+0.10	1.8	+0.10	0.16	0.25
>12~17	5×5	5						3.0		2.3			
>17~22	6×6	6						3.5		2.8			
>22~30	8×7	8	0 −0.036	± 0.018	−0.015 −0.051	+0.036 0	+0.098 +0.040	4.0	+0.20	3.3	+0.20	0.25	0.40
>30~38	10×8	10						5.0		3.3			
>38~44	12×8	12	0 −0.043	± 0.026	+0.018 −0.061	+0.043 +0	+0.120 +0.050	5.0		3.3			
>44~50	14×9	14						5.5		3.8			
>50~58	16×10	16						6.0		4.3			
>58~65	18×11	18						7.0		4.4			

续表

轴的直径 d	键尺寸 $b \times h$	键槽										
		宽度 b						深度				半径 r
		基本尺寸	极限偏差					轴 t_1		轴 t_2		
			正常连接		紧密连接	松连接		基本尺寸	极限偏差	基本尺寸	极限偏差	
			轴 N9	毂 JS9	轴和毂 P9	轴 H9	毂 D10					min	max
>65～75	20×12	20						7.5		4.9			
>75～85	22×14	22	0 −0.052	±0.031	+0.022 −0.074	+0.052 0	+0.149 +0.065	9.0		5.4		0.40	0.60
>85～95	25×14	25						9.0		5.4			
>95～110	28×16	28						10.0		6.4			
>110～130	32×18	32						11.0		7.4			
>130～150	36×20	36	0 −0.062	±0.037	−0.026 −0.088	+0.062 0	+0.180 +0.080	12.0		8.4		0.70	1.0
>150～170	40×22	40						13.0	+0.30	9.4	+0.30		
>170～200	45×25	45						15.0		10.4			

注：1.（$d-t_1$）和（$d+t_2$）两组组合尺寸的极限偏差按相应的 t_1 和 t_2 的极限偏差选取，但（$d-t_1$）极限偏差应取负号（−）。

2. 轴的直径不在本标准所列，仅供参考。

附表 B-10　普通型　平键（GB/T 1096—2003）摘编

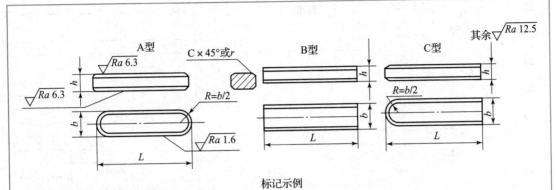

标记示例

圆头普通平键（A 型）、b=18mm、h=11mm、L=100mm、GB/T 1096—2003 键　18×11×10

平头普通平键（B 型）、b=18mm、h=11mm、L=100mm、GB/T 1096—2003 键　B　18×11×10

单圆头普通平键（C 型）、b=18mm、h=11mm、L=100mm、GB/T 1096—2003 键　C　18×11×10

mm

宽度 b	基本尺寸	2	3	4	5	6	8	10	12	14	16	18	20	22
	极限偏差（h8）	0 −0.014			0 −0.018		0 −0.022		0 −0.027				0 −0.033	

高度 h		基本尺寸	2	3	4	5	6	7	8	8	9	10	11	12	14
	极限偏差	矩形（h11）	–		–				0 −0.090		0 −0.010				
		方形（h8）	0 −0.014		0 −0.018		–				–				

倒角或圆角 s	0.16 ~ 0.25	0.25 ~ 0.40	0.40 ~ 0.60	0.60 ~ 0.80

长度 L															
基本尺寸	极限偏差（h14）														
6	0 −0.36			–	–	–	–	–	–	–	–	–	–	–	–
8					–	–	–	–	–	–	–	–	–	–	–
10							–	–	–	–	–	–	–	–	–
12								–	–	–	–	–	–	–	–
14	0 −0.48								–	–	–	–	–	–	–
16										–	–	–	–	–	–
18										–	–	–	–	–	–

续表

20							—	—	—	—	—	—	—
22	0 −0.52	—		标准				—	—	—	—	—	—
25		—						—	—	—	—	—	—
28		—						—	—	—	—	—	—
32	0 −0.62	—						—	—	—	—	—	—
36		—						—	—	—	—	—	—
40		—	—						—	—	—	—	—
45		—	—	长度						—	—
50		—	—	—							—
56		—	—	—							
63	0 −0.74	—		—	—						
70		—	—	—	—	—					
80		—	—	—	—						
90		—	—	—	—	范围					
100	0 −0.87	—	—	—	—	—					
110		—	—	—	—	—					
125		—	—	—	—	—	—				
140		—	—	—	—						
160		—	—	—	—	—	—	—			
180		—	—	—	—	—	—				
200		—	—	—	—	—	—		—	—	
220			—	—	—	—	—	—	—		
250		—	—	—	—	—	—	—	—	—	—

附表 B–11　圆柱销

圆柱销　不淬硬钢和奥氏不锈钢（GB/T 119.1—2000）

圆柱销　淬硬钢和马氏体不锈钢（GB/T 119.2—2000）摘编

末端形状，由制造者确定

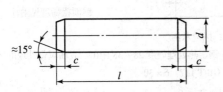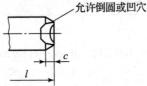

允许倒圆或凹穴

标记示例

公称直径 d=6mm、公称为 m6、公称长度 l=30mm、材料为钢、不经淬火、不经表面处理的圆柱销：

销　GB/T 119.1　6m6×30

公称直径 d=6mm、公差为 m6、公差长度 l=30mm、材料为钢、普通淬火（A 型）、表面氧化处理的圆柱销：

销　GB/T 119.2　6×30

mm

d（公称）		1.5	2	2.5	3	4	5	6	8
c ≈		0.3	0.35	0.4	0.5	0.63	0.8	1.2	1.6
l（商品长度范围）	GB/T 119.1	4 ~ 16	6 ~ 20	6 ~ 24	8 ~ 30	10 ~ 50	10 ~ 50	12 ~ 60	14 ~ 80
	GB/T 119.2	4 ~ 16	5 ~ 20	6 ~ 24	8 ~ 30	10 ~ 40	12 ~ 50	14 ~ 60	18 ~ 80
d（公称）		10	12	16	20	25	30	40	50
c ≈		2	2.5	3	3.5	4	5	6.3	8
l（商品长度范围）	GB/T 119.1	18 ~ 95	22 ~ 140	26 ~ 180	35 ~ 200 以上	50 ~ 200 以上	60 ~ 200 以上	80 ~ 200 以上	95 ~ 200 以上
	GB/T 119.2	22 ~ 100 以上	26 ~ 100 以上	40 ~ 100 以上	50 ~ 100 以上	—	—	—	—
l（系列）		3，4，5，6，8，10，12，14，16，18，20，22，24，26，28，30，32，35，40，45，50，55，60，65，70，75，80，85，90，95，100，120，140，160，180，200，……							

注：1. 公称直径 d 的公差：GB/T 119.1—2000 规定为 m6 和 h8，GB/T 119.2—2000 仅有 m6。其他公差由供需双方协议。

2. GB/T 119.2—2000 中淬硬钢按淬火方法不同，分为普通淬火（A 型）和表面淬火（B 型）。

3. 公称长度大于 200 mm，按 20 mm 递增。

附表 B-12　圆锥销（GB/T 117—2000）摘编

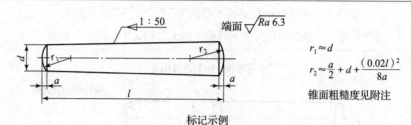

$$r_1 \approx d$$

$$r_2 \approx \frac{a}{2} + d + \frac{(0.02l)^2}{8a}$$

锥面粗糙度见附注

标记示例

公称直径 d=6 mm、公称长度 l=30 mm、材料为 35 钢、热处理硬度 28～38 HRC、表面氧化处理的 A 型圆锥销：

销　GB/T 117　6×30

mm

d（公称）	0.6	0.8	1	1.2	1.5	2	2.5	3	4	5
$a \approx$	0.08	0.1	0.12	0.16	0.2	0.25	0.3	0.4	0.5	0.63
l（商品长度范围）	4～8	5～12	6～16	6～20	8～24	10～35	10～35	12～45	14～55	18～60
d（公称）	6	8	10	12	16	20	25	30	40	50
$c \approx$	0.8	1	1.2	1.6	2	2.5	3	4	5	6.3
l（商品长度范围）	22～90	22～120	26～160	32～180	40～200 以上	45～200 以上	50～200 以上	55～200 以上	60～200 以上	65～200 以上
l（系列）	2，3，4，5，6，8，10，12，14，16，18，20，22，24，26，28，30，32，35，40，45，50，55，60，65，70，75，80，85，90，95，100，120，140，160，180，200，……									

注：1. 公称直径 d 的公差规定为 h10，其他公差如 a11、c11 和 f8 由供需双方协议。

2. 圆锥销 A 型和 B 型。A 型为磨削，锥面表面粗糙度 Ra=0.8 μm；B 型为切削或冷镦，锥面表面粗糙度 Ra=3.2 μm。

3. 公称长度大于 200 mm，按 20 mm 递增。

附表 B-13　深沟球轴承（GB/T 276—2013）摘编

轴承代号	尺寸 /mm		
	d	D	B
02 系列			
632	3	10	4
624	4	13	5
625	5	16	5
626	6	19	6
627	7	22	7
628	8	24	8
629	9	26	8
6200	10	30	9
6201	12	32	10
6202	15	35	11
6203	17	40	12
6204	20	47	14
62/22	22	50	14
6205	25	52	15
62/28	28	58	16
6206	30	62	16
62/32	32	65	17
6207	35	72	17
6208	40	80	18
6209	45	85	19
6210	50	90	20
6211	55	100	21
6212	60	110	22

6000 型

轴承代号	尺寸 /mm		
	d	D	B
10 系列			
606	6	17	6
607	7	19	6
608	8	22	7
609	9	24	7
6000	10	26	8
6001	12	28	8
6002	15	32	9
6003	17	35	10
6004	20	42	12
60/22	22	44	12
6005	25	47	12
60/28	28	52	12
6006	30	55	13
60/32	32	58	13
6007	35	62	14
6008	40	68	15
6009	45	75	16
6010	50	80	16
6011	55	90	18
6012	60	95	18

续表

轴承代号	尺寸 /mm			轴承代号	尺寸 /mm		
	d	D	B		d	D	B
03 系列				03 系列			
633	3	13	5	6317	85	180	41
634	4	16	5	6318	90	190	43
635	5	19	6	04 系列			
6300	10	35	11	6403	17	62	17
6301	12	37	12	6404	20	72	19
6302	15	42	13	6405	25	80	21
6303	17	47	14	6406	30	90	23
6304	20	52	15	6407	35	100	25
63/22	22	56	16	6408	40	110	27
6305	25	62	17	6409	45	120	29
63/28	28	68	18	6410	50	130	31
6306	30	72	19	6411	55	140	33
63/32	32	75	20	6412	60	150	35
6307	35	80	21	6413	65	160	37
6308	40	90	23	6414	70	180	42
6309	45	100	25	6415	75	190	45
6310	50	110	27	6416	80	200	48
6311	55	120	29	6417	85	210	52
6312	60	130	31	6418	90	225	54
6313	65	140	33	6419	95	240	55
6314	70	150	35	6420	100	250	58
6315	75	160	37	6422	110	280	65
6316	80	170	39				

附表 B-14 推力球轴承（GB/T 301—2015）摘编

5000 型

轴承代号	尺寸 /mm			
	d	d_1 min	D	T
11 系列				
51100	10	11	24	9
51101	12	13	26	9
51102	15	16	28	9
51103	17	18	30	9
51104	20	21	35	10
51105	25	26	42	11
51106	30	32	47	11
51107	35	37	52	12
51108	40	42	60	13
51109	45	47	65	14
51110	50	52	70	14
51111	55	57	78	16
51112	60	62	85	17
51113	65	67	90	18
51114	70	72	95	18
51115	75	77	100	19
51116	80	82	105	19
51117	85	87	110	19
51118	90	92	120	22
51120	100	102	135	25
12 系列				
51200	10	12	26	11
51201	12	14	28	11
51202	15	17	32	12
51203	17	19	35	12
51204	20	22	40	14
51205	25	27	47	15
51206	30	32	52	16
51207	35	37	62	18
51208	40	42	68	19
51209	45	47	73	20
51210	50	52	78	22
51211	55	57	90	25
51212	60	62	95	26

轴承代号	尺寸 /mm			
	d	d_1 min	D	T
12 系列				
51213	65	67	100	27
51214	70	72	105	27
51215	75	77	110	27
51216	80	82	115	28
51217	85	88	125	31
51218	90	93	135	35
51220	100	103	150	38
13 系列				
51304	20	22	47	18
51305	25	27	52	18
51306	30	32	60	21
51307	35	37	68	24
51308	40	42	78	26
51309	45	47	85	28
51310	50	52	95	31
51311	55	57	105	35
51312	60	62	110	35
51313	65	67	115	36
51314	70	72	125	40
51315	75	77	135	44
51316	80	82	140	44
51317	85	88	150	49
51318	90	93	155	50
51320	100	103	170	55
14 系列				
51405	25	27	60	24
51406	30	32	70	28
51407	35	37	80	32
51408	40	42	90	36
51409	45	47	100	39
51410	50	52	110	43
51411	55	57	120	48
51412	60	62	130	51
51413	65	67	140	56
51414	70	72	150	60
51415	75	77	160	65
51416	80	82	170	68
51417	85	88	180	72
51418	90	93	190	77
51420	100	103	210	85

附录 C 基本偏差与标准公差（GB/T 1800.1—2020）摘编

附表 C-1 孔 A～M 的基本偏差数值

基本偏差单位为 μm

说明：
- 下极限偏差 EI（适用于 A～H，所有公差等级）
- JS：偏差 = ± ITn/2，式中 n 为标准公差等级数
- 上极限偏差 ES（适用于 J、K、M）

公称尺寸/mm 大于	至	A*	B*	C	CD	D	E	EF	F	FG	G	H	JS	J(IT6)	J(IT7)	J(IT8)	K(≤IT8)	K(>IT8)	M(≤IT8)	M(>IT8)
—	3	+270	+140	+60	+34	+20	+14	+10	+6	+4	+2	0	±ITn/2	+2	+4	+6	0	0	−2	−2
3	6	+270	+140	+70	+46	+30	+20	+14	+10	+6	+4	0	±ITn/2	+5	+6	+10	−1+Δ	0	−4+Δ	−4
6	10	+280	+150	+80	+56	+40	+25	+18	+13	+8	+5	0	±ITn/2	+5	+8	+12	−1+Δ	0	−6+Δ	−6
10	14	+290	+150	+95	+70	+50	+32	+23	+16	+10	+6	0	±ITn/2	+6	+10	+15	−1+Δ	0	−7+Δ	−7
14	18	+290	+150	+95	+70	+50	+32	+23	+16	+10	+6	0	±ITn/2	+6	+10	+15	−1+Δ	0	−7+Δ	−7
18	24	+300	+160	+110	+85	+65	+40	+28	+20	+12	+7	0	±ITn/2	+8	+12	+20	−2+Δ	0	−8+Δ	−8
24	30	+300	+160	+110	+85	+65	+40	+28	+20	+12	+7	0	±ITn/2	+8	+12	+20	−2+Δ	0	−8+Δ	−8
30	40	+310	+170	+120	+100	+80	+50	+35	+25	+15	+9	0	±ITn/2	+10	+14	+24	−2+Δ	0	−9+Δ	−9
40	50	+320	+180	+130	+100	+80	+50	+35	+25	+15	+9	0	±ITn/2	+10	+14	+24	−2+Δ	0	−9+Δ	−9
50	65	+340	+190	+140	+120	+100	+60		+30		+10	0	±ITn/2	+13	+18	+28	−2+Δ	0	−11+Δ	−11
65	80	+360	+200	+150	+120	+100	+60		+30		+10	0	±ITn/2	+13	+18	+28	−2+Δ	0	−11+Δ	−11
80	100	+380	+220	+170		+120	+72		+36		+12	0	±ITn/2	+16	+22	+34	−3+Δ	0	−13+Δ	−13
100	120	+410	+240	+180		+120	+72		+36		+12	0	±ITn/2	+16	+22	+34	−3+Δ	0	−13+Δ	−13

注：K 为 $K^{c,d}$，M 为 $M^{b,c,d}$。

续表

基本偏差数值

公称尺寸 mm		下极限偏差 EI												上极限偏差 ES						
		所有公差等级												J			K^{e,d}		M^{b,c,d}	
大于	至	A*	B*	C	CD	D	E	EF	F	FG	G	H	JS	IT6	IT7	IT8	≤IT8	>IT8	≤IT8	>IT8
120	140	+460	+260	+200		+145	+85		+43		+14	0		+18	+26	+41	−3+Δ		−15+Δ	−15
140	160	+520	+280	+210																
160	180	+580	+310	+230																
180	200	+660	+340	+240		+170	+100		+50		+15	0		+22	+30	+47	−4+Δ		−17+Δ	−17
200	225	+740	+380	+260																
225	250	+820	+420	+280																
250	280	+920	+480	+300		+190	+110		+56		+17	0		+25	+36	+55	−4+Δ		−20+Δ	−20
280	315	+1 050	+540	+330																
315	355	+1 200	+600	+360		+210	+125		+62		+18	0		+29	+39	+60	−4+Δ		−21+Δ	−21
355	400	+1 350	+680	+400																
400	450	+1 500	+760	+440		+230	+135		+68		+20	0		+33	+43	+66	−5+Δ		−23+Δ	−23
450	500	+1 650	+840	+480																

注：1. 公称尺寸≤1 mm 时，不适用基本偏差 A 和 B。

2. 特例：对于公称尺寸大于 250~315 mm 的公差带代号 M6，ES=−9 μm（计算结果不是 −11 μm）。

3. 对于标准公差等级至 IT8 的 K、M 的基本偏差的确定，应考虑附表 C–2 右边几列中的 Δ 值。

4. 对于 Δ 值，见附表 C–2.

附表 C-2 孔 N～ZC 的基本偏差数值

基本偏差数值和 Δ 值的单位为 μm

公称尺寸 mm 大于	至	N^{a,b} ≤IT8	N^{a,b} >IT8	P~ZC^a ≤IT7	P	R	S	T	U	V	X	Y	Z	ZA	ZB	ZC	Δ值 IT3	IT4	IT5	IT6	IT7	IT8
—	3	-4	-4	在 >IT7 的标准公差等级的基本偏差数值上增加一个Δ值	-6	-10	-14		-18		-20		-26	-32	-40	-60	0	0	0	0	0	0
3	6	-8+Δ	0		-12	-15	-19		-23		-28		-35	-42	-50	-80	1	1.5	1	3	4	6
6	10	-10+Δ	0		-15	-19	-23		-28		-34		-42	-52	-67	-97	1	1.5	2	3	6	7
10	14	-12+Δ	0		-18	-23	-28		-33		-40		-50	-64	-90	-130	1	2	3	3	7	9
14	18									-39	-45		-60	-77	-108	-150						
18	24	-15+Δ	0		-22	-28	-35		-41	-47	-54	-63	-73	-98	-136	-188	1.5	2	3	4	8	12
24	30							-41	-48	-55	-64	-75	-88	-118	-160	-218						
30	40	-17+Δ	0		-26	-34	-43	-48	-60	-68	-80	-94	-112	-148	-200	-274	1.5	3	4	5	9	14
40	50							-54	-70	-81	-97	-114	-136	-180	-242	-325						
50	65	-20+Δ	0		-32	-41	-53	-66	-87	-102	-122	-144	-172	-226	-300	-405	2	3	5	6	11	16
65	80					-43	-59	-75	-102	-120	-146	-174	-210	-274	-360	-480						
80	100	-23+Δ	0		-37	-51	-71	-91	-124	-146	-178	-214	-258	-335	-445	-585	2	4	5	7	13	19
100	120					-54	-79	-104	-144	-172	-210	-254	-310	-400	-525	-690						

续表

基本偏差数值 上极限偏差 ES ／ Δ值 标准公差等级

公称尺寸 mm 大于	至	N[a,b] ≤IT8	N >IT8	P~ZC[a] ≤IT7	P	R	S	T	U	V	X	Y	Z	ZA	ZB	ZC	IT3	IT4	IT5	IT6	IT7	IT8
120	140	−27+Δ	0		−43	−63	−92	−122	−170	−202	−248	−300	−365	−470	−620	−800	3	4	6	7	15	23
140	160					−65	−100	−134	−190	−228	−280	−340	−415	−535	−700	−900						
160	180					−68	−108	−146	−210	−252	−310	−380	−465	−600	−780	−1 000						
180	200	−31+Δ	0		−50	−77	−122	−166	−236	−284	−350	−425	−520	−670	−880	−1 150	3	4	6	9	17	26
200	225					−80	−130	−180	−258	−310	−385	−470	−575	−740	−960	−1 250						
225	250					−84	−140	−196	−284	−350	−425	−520	−640	−820	−1 050	−1 350						
250	280	−34+Δ	0		−56	−94	−158	−218	−315	−385	−475	−580	−710	−920	−1 200	−1 550	4	4	7	9	20	29
280	315					−98	−170	−240	−350	−425	−525	−650	−790	−1 000	−1 300	−1 700						
315	355	−37+Δ	0		−62	−108	−190	−268	−390	−475	−590	−730	−900	−1 150	−1 500	−1 900	4	5	7	11	21	32
355	400					−114	−208	−294	−435	−530	−660	−820	−1 000	−1 300	−1 650	−2 100						
400	450	−40+Δ	0		−68	−126	−232	−330	−490	−595	−740	−920	−1 100	−1 450	−1 850	−2 400	5	5	7	13	23	34
450	500					−132	−252	−360	−540	−660	−820	−1 000	−1 250	−1 600	−2 100	−2 600						

注：1. 对于标准公差等级至 IT8 的 N 和标准公差等级至 IT7 的 P～ZC 的基本偏差的确定，应考虑附表 C-2 右边几列的 Δ 值。

2. 公称尺寸 ≤1 mm 时，不使用标准公差等级 >IT8 的基本偏差 N。

附表 C-3　轴 a ~ j 的基本偏差数值

基本偏差单位为 μm

公称尺寸 mm		基本偏差数值 上极限偏差 es												下极限偏差 ei		
大于	至	所有公差等级												IT5 和 IT6	IT7	IT8
		a^g	b^a	c	cd	d	e	ef	f	fg	g	h	js	j		
–	3	−270	−140	−60	−34	−20	−14	−10	−6	−4	−2	0		−2	−4	−6
3	6	−270	−140	−70	−46	−30	−20	−14	−10	−6	−4	0		−2	−4	
6	10	−280	−150	−80	−56	−40	−25	−18	−13	−8	−5	0		−2	−5	
6	14	−290	−150	−95	−70	−50	−32	−23	−16	−10	−6	0		−3	−6	
14	18															
18	24	−300	−160	−110	−85	−65	−40	−25	−20	−12	−7	0		−4	−8	
24	30															
30	40	−310	−170	−120	−100	−80	−50	−35	−25	−15	−9	0	偏差 = ± ITn/2, 式中, n 是 标准 公差 等级 数	−5	−10	
40	50	−320	−180	−130												
50	65	−340	−190	−140		−100	−60		−30		−10	0		−7	−12	
65	80	−360	−200	−150												
80	100	−380	−220	−170		−120	−72		−36		−12	0		−9	−15	
100	120	−410	−240	−180												
120	140	−460	−260	−200		−145	−85		−43		−14	0		−11	−18	
140	160	−520	−280	−210												
160	180	−580	−310	−230												
180	200	−660	−340	−240		−170	−100		−50		−15	0		−13	−21	
200	225	−740	−380	−260												
225	250	−820	−420	−280												
250	280	−920	−480	−300		−190	−110		−56		−17	0		−16	−26	
280	315	−1 050	−540	−330												
315	355	−1 200	−600	−360		−210	−125		−62		−18	0		−18	−28	
355	400	−1 350	−680	−400												
400	450	−1 500	−760	−440		−230	−135		−68		−20	0		−20	−32	
450	500	−1 650	−840	−480												

注: 1. 公称尺寸≤1 mm 时，不使用基本偏差 a 和 b。

270

附表 C-4 轴 k~zc 的基本尺寸偏差数值

基本偏差单位为 μm

公称尺寸 mm		基本偏差数值 下极偏差 ei 所有公差等级															
大于	至	k		m	n	p	r	s	t	u	v	x	y	z	za	zb	zc
		IT4至IT7	≤IT3.>IT7														
—	3	0	0	+2	+4	+6	+10	+14		+18		+20		+26	+32	+40	+60
3	6	+1	0	+4	+8	+12	+15	+19		+23		+28		+35	+42	+50	+80
6	10	+1	0	+6	+10	+15	+19	+23		+28		+34		+42	+52	+67	+97
10	14	+1	0	+7	+12	+18	+23	+28		+33		+40		+50	+64	+90	+130
14	18	+1	0	+7	+12	+18	+23	+28		+33	+39	+45		+60	+77	+108	+150
18	24	+2	0	+8	+15	+22	+28	+35		+41	+47	+54	+63	+73	+98	+136	+188
24	30	+2	0	+8	+15	+22	+28	+35	+41	+48	+55	+64	+75	+88	+118	+160	+218
30	40	+2	0	+9	+17	+26	+34	+43	+48	+60	+68	+80	+94	+112	+148	+200	+274
40	50	+2	0	+9	+17	+26	+34	+43	+54	+70	+81	+97	+114	+136	+180	+242	+325
50	65	+2	0	+11	+20	+32	+41	+53	+66	+87	+102	+122	+144	+172	+226	+300	+405
65	80	+2	0	+11	+20	+32	+43	+59	+75	+102	+120	+146	+174	+210	+274	+360	+480
80	100	+3	0	+13	+23	+37	+51	+71	+91	+124	+146	+178	+214	+258	+335	+445	+585
100	120	+3	0	+13	+23	+37	+54	+79	+104	+144	+172	+210	+254	+310	+400	+525	+690

续表

基本偏差数值　下极偏差 ei

公称尺寸 mm		k		m	n	p	r	s	t	u	v	x	y	z	za	zb	zc
大于	至	IT4至IT7	≤IT3 >IT7				所有公差等级										
120	140	+3	0	+15	+27	+43	+63	+92	+122	+170	+202	+248	+300	+365	+470	+620	+800
140	160	+3	0	+15	+27	+43	+65	+100	+134	+190	+228	+280	+340	+415	+535	+700	+900
160	180	+3	0	+15	+27	+43	+68	+108	+146	+210	+252	+310	+380	+465	+600	+780	+1 000
180	200	+4	0	+17	+31	+50	+77	+122	+160	+236	+284	+350	+425	+520	+670	+880	+1 150
200	225	+4	0	+17	+31	+50	+80	+130	+180	+258	+310	+385	+470	+575	+740	+960	+1 250
225	250	+4	0	+17	+31	+50	+84	+140	+196	+284	+340	+425	+520	+640	+820	+1 050	+1 350
250	280	+4	0	+20	+34	+56	+94	+158	+218	+315	+385	+475	+580	+710	+920	+1 200	+1 550
280	315	+4	0	+20	+34	+56	+98	+170	+240	+350	+425	+525	+650	+790	+1 000	+1 300	+1 700
315	355	+4	0	+21	+37	+62	+108	+190	+268	+390	+475	+590	+730	+900	+1 150	+1 500	+1 900
355	400	+4	0	+21	+37	+62	+114	+208	+294	+435	+530	+660	+820	+1 000	+1 300	+1 650	+2 100
400	450	+5	0	+23	+40	+68	+126	+232	+330	+490	+595	+740	+920	+1 100	+1 450	+1 850	+2 400
450	500	+5	0	+23	+40	+68	+132	+252	+360	+540	+660	+820	+1 000	+1 250	+1 600	+2 100	+2 600

附表 C-5　公称尺寸至 500 mm 的标准公差数值

公称尺寸/mm		标准公差等级																			
大于	至	IT01	IT0	IT1	IT2	IT3	IT4	IT5	IT6	IT7	IT8	IT9	IT10	IT11	IT12	IT13	IT14	IT15	IT16	IT17	IT18
		标准公差数值																			
		μm													mm						
—	3	0.3	0.5	0.8	1.2	2	3	4	6	10	14	25	40	60	0.1	0.14	0.25	0.4	0.6	1	1.4
3	6	0.4	0.6	1	1.5	2.5	4	5	8	12	18	30	48	75	0.12	0.18	0.3	0.48	0.75	1.2	1.8
6	10	0.4	0.6	1	1.5	2.5	4	6	9	15	22	36	58	90	0.15	0.22	0.36	0.58	0.9	1.5	2.2
10	18	0.5	0.8	1.2	2	3	5	8	11	18	27	43	70	110	0.18	0.27	0.43	0.7	1.1	1.8	2.7
18	30	0.6	1	1.5	2.5	4	6	9	13	21	33	52	84	130	0.21	0.33	0.52	0.84	1.3	2.1	3.3
30	50	0.6	1	1.5	2.5	4	7	11	16	25	39	62	100	160	0.25	0.39	0.62	1	1.6	2.5	3.9
50	80	0.8	1.2	2	3	5	8	13	19	30	46	74	120	190	0.3	0.46	0.74	1.2	1.9	3	4.6
80	120	1	1.5	2.5	4	6	10	15	22	35	54	87	140	220	0.35	0.54	0.87	1.4	2.2	3.5	5.4
120	180	1.2	2	3.5	5	8	12	18	25	40	63	100	160	250	0.4	0.63	1	1.6	2.5	4	6.3
180	250	2	3	4.5	7	10	14	20	29	46	72	115	185	290	0.46	0.72	1.15	1.85	2.9	4.6	7.2
250	315	2.5	4	6	8	12	16	23	32	52	81	130	210	320	0.52	0.81	1.3	2.1	3.2	5.2	8.1
315	400	3	5	7	9	13	18	25	36	57	89	140	230	360	0.57	0.89	1.4	2.3	3.6	5.7	8.9
400	500	4	6	8	10	15	20	27	40	63	97	155	250	400	0.63	0.97	1.55	2.5	4	6.3	9.7

参 考 文 献

［1］华红芳. 机械制图与零部件造型测绘［M］. 北京：高等教育出版社，2016.

［2］李典灿，张坤，刘小艳. 机械制图［M］. 北京：机械工业出版社，2019.

［3］胡建生. 机械制图［M］. 北京：机械工业出版社，2017.

［4］王冰，李莉. 机械制图及测绘实训［M］. 北京：高等教育出版社，2019.

［5］赵云龙，金莹，孙艳萍. 机械制图项目教程［M］. 北京：机械工业出版社，2017.

［6］史艳红. 机械制图［M］. 北京：高等教育出版社，2019.

［7］李华，李锡蓉. 机械制图项目化教程［M］. 北京：机械工业出版社，2017.

［8］北京兆迪科技有限公司. UG NX 12.0 快速入门教程［M］. 北京：机械工业出版社，2019.

［9］北京兆迪科技有限公司. UG NX 12.0 工程图教程［M］. 北京：机械工业出版社，2019.

［10］全国技术产品文件标准化技术委员会，中国标准出版社第三编辑室. 技术产品文件标准汇编：机械制图卷［M］. 北京：中国标准出版社，2019.